本书获深圳市高等院校稳定支持面上项目"超大网络子图挖掘与应用"（项目编号：20220717173443001）；深圳市新引进高端人才财政补助科研启动项目"超高维网络解析方法与应用"（项目编号：20200217）；广东省教育厅重点学科建设项目"基于云边协同的多模态感知服务型人机交互系统关键技术研究"（项目编号：2022ZDJS112）资助

网络数据解析方法

王文婷◎著

吉林大学出版社

·长 春·

图书在版编目（CIP）数据

网络数据解析方法 / 王文婷著 . -- 长春 : 吉林大学出版社 , 2024. 9. -- ISBN 978-7-5768-3723-0

Ⅰ . TP393.4

中国国家版本馆 CIP 数据核字第 20245GR837 号

书　　名：网络数据解析方法
　　　　　WANGLUO SHUJU JIEXI FANGFA
作　　者：王文婷
策划编辑：卢　婵
责任编辑：卢　婵
责任校对：安　萌
装帧设计：文　兮
出版发行：吉林大学出版社
社　　址：长春市人民大街 4059 号
邮政编码：130021
发行电话：0431-89580036/58
网　　址：http://www.jlup.com.cn
电子邮箱：jldxcbs@sina.com
印　　刷：武汉鑫佳捷印务有限公司
开　　本：787mm×1092mm　　1/16
印　　张：12
字　　数：170 千字
版　　次：2024 年 9 月　第 1 版
印　　次：2024 年 9 月　第 1 次
书　　号：ISBN 978-7-5768-3723-0
定　　价：98.00 元

前　言

　　本书脱胎于笔者在伦敦大学学院攻读博士期间所撰写的毕业论文"The Opinion Dynamics on Typical Networks and the Applications"，文中使用的"opinion dynamics"这一概念是物理学经典现象——同步的一种生活化表达。整个研究基于微分方程体系，对不同网络拓扑结构如何影响网络上动力学现象做出了解析式的研究。

　　作者对于网络这一研究对象的兴趣始于硕士时期，当时复杂网络领域处于理论的发展高峰，笔者在大量的文献中学习了这种兼具科学性和美感的网络和图的表达与分析方式，但心中始终存有遗憾，觉得当时（20年前）的研究体系，多基于生活化的观察与发现，归纳出现象化的结论，并试图以此定义"复杂性"。但整个体系中所涉及的概念，如网络平均路径、簇系数、度相关性等，作为表达复杂性的参数，相关性很高，无法使用经典的统计物理方法进行解析。与此同时，已发现的现象未必是所有可能发现的现象，从经典文献中我们也可以发现，常用的网络参数在学科历史上有时间的先后，每当新的参数被引入复杂网络体系，整个研究模式和研究结论都会随之发生改变。在复杂网络的研究中，融合了图论、统计物理学、动力学方程等学科知识，这些知识如果缺乏合理的逻辑关联，也难以合并为一个完整的解析体系。基于此，作者决定以复杂网络的解析式学习方法为研究对象,展开自己的博士求学生涯,并初步设计了一些基于微分方程的网络解析体系。

随着智能时代的发展,"大数据"这一概念开始成为数理科学、计算机科学等领域的热门,也是关乎我国科技竞争力和国计民生的科技潮流。经典数学中关于"网络"和"图"的概念,逐渐被丰富为一种更广义的研究对象:网络数据。它既可以指一般意义上以节点和连边形成的结构,也可以指非网络数据集里,基于欧氏距离计算得到的数据对象之间的关系,更广义来说,还可以表达各类不同的物理系统中振子之间的协同作用,以及整体的变化机制。当作者发现曾经的研究对象可以被用作研究工具,参与到各类有利于科学和工程发展的计算中时,便有了本书。

本书以网络数据,尤其是超大网络数据为研究对象,介绍了对于网络数据拓扑结构、统计物理属性、动力学行为等的解析方法。除了针对微观网络结构的研究方法之外,本书还对当前热门的海量大数据的挖掘、存储、理解、预测、应用等提出了一些基于低成本数据挖掘和解析的方法论。本书分为六个章节:第1章为导论;第2章为相关数学知识储备与介绍;第3章为针对网络数据的动力学方程体系;第4章为网络上非线性行为的观察与研究,包括网络渗流和涌现等;第5章为网络社团挖掘;第6章为基于自相似结构的超大网络预测与集成。

本书适合具备了一定线性代数和微分方程基础的在校本科生、研究生阅读,可作为图论或动力学方程的学科补充读物。希望未来的数据科学人才可以通过对概念的认知、建模方法的了解,熟悉网络数据研究领域,像20年前的作者一样找到自己热爱的研究领域并为之努力。本书也适用于从事数据科学工作的科研人员与应用工程类人员,可帮助他们获取针对多种场景的网络建模与网络解析方法,尤其是各类网络应用行业(如物流、交通、脑科学等)的从业者,可以在缺乏算力或时间紧迫的情况下,利用数学工具克服数据挖掘方面的困难。同时,本书亦可作为一种科普读物,供社会各界、各年龄段对自然和社会中的网络现象感兴趣的读者阅读,帮助他们获得一种基于数理科学且较为通俗易懂的观察世界的方法。

　　本书获深圳市高等院校稳定支持面上项目"超大网络子图挖掘与应用"（项目编号：20220717173443001）、深圳市新引进高端人才财政补助科研启动项目"超高维网络解析方法与应用"（项目编号：20200217）、广东省教育厅重点学科建设项目"基于云边协同的多模态感知服务型人机交互系统关键技术研究"（项目编号：2022ZDJS112）资助。

　　特别鸣谢江健生女士和刘安之女士对创作的倾心支持。

王文婷
2024年5月10日

目　录

第1章 网络、自然与社会

在宇宙的宏大画卷中，网络无处不在，它既是自然界的基本构造，也是人类社会运行的重要形式。从微观到宏观，从自然到社会，网络以其独特的形态和运行机制，编织着这个世界的每一个角落。

首先，我们来看自然网络。在大自然中，生命体之间通过无数的网络相互连接。从细胞内部微观的分子网络，到生态系统宏观的食物链和食物网，这些网络构成了生命的运行机制。它们通过能量的流动、物质的循环和信息的传递，维持着整个生态系统的平衡与稳定。这些自然网络不仅展现了生命的多样性和复杂性，也让我们意识到每一个生命体都是这个网络中不可或缺的一部分。

在人类社会中，网络同样无处不在。人们通过语言、文化、经济等纽带建立起复杂的社会网络。这些网络不仅涵盖了人与人之间的直接联系，如家庭、朋友、同事等，还包括了通过信息、媒体等间接建立的联系。社会网络是信息传递的桥梁，是文化交流的纽带，也是社会结构的基石。它影响着人们的思维方式、行为模式和社会文化的形成与发展。在现代社会，随着信息技术的飞速发展，互联网、社交媒体等平台的出现，社会网络变得更加庞大和复杂。

无论是自然网络还是社会网络，它们都具有共同的特点和规律。它们都是复杂而有序的系统，通过不同的方式相互连接和相互作用，共同维持着整个系统的平衡和稳定。同时，它们也展示了自然和社会的多样性和复杂性，让我们更加深入地理解自然和社会的本质。数百年来，科研界一直致力于使用各类科学方法理解网络的结构和生长规律，分析在其之上发生的动力学行为，并形成了图论、网络科学、复杂性科学等一系列的理论体系。

本书中，我们希冀深入地研究和理解自然网络和社会网络的结构和运行机制。从经典数理科学和系统科学的角度出发，用一种量化的理论体系去观察、描述、解析和预测各种来自自然和社会的网络。这不仅有助于我们更好地认识自然和社会的本质，也为解决现代社会中的各种问题提供了新的思路和方法。本书的理论基础来源于前文所列举的多个领域，并将网络视为数据对象，形成了一套较为完整的网络数据解析方法。

图论是最早展开对图结构研究的近现代理论科学，其历史可追溯到18世纪欧拉对"七桥问题"的阐述。欧拉通过抽象化实际问题，将七座桥和四个岛屿简化为节点和边的组合，最终证明了不存在一种走法能够遍历七座桥而每座桥仅走一次。这一研究不仅解决了实际问题，还开启了图论这一数学分支的大门。

经典图论提出了关于图（graph）的两个基本概念，为后世的网络科学打下了数学基础。

（1）节点（vertices）：在图论中，节点通常表示某个实体或对象。在实际应用中，节点可以代表城市、人、分子、网页等各种不同的事物。

（2）边（edges）：边连接两个节点，表示这两个节点之间存在某种关系。这种关系可以是物理上的连接（如两个城市之间的道路），也可以是抽象的关系（如两个人之间的社交联系）。

图论在现代科学中应用广泛，以计算机科学为例，许多问题都可以转化为图的遍历、搜索或优化问题。将路由器和交换机看作节点，它们之间的连接可以看作边。通过图论算法，我们可以找到网络中的最短路径、检测网络中的环等。此外，图论还在数据结构（如邻接矩阵、邻接表）、算法设计（如深度优先搜索、广度优先搜索）、机器学习（如图嵌入、社交网络分析）等领域有广泛应用。

在社会科学中，图论被用于分析社交网络、信息传播和群体行为等问题。例如，在社交网络中，用户可以看作节点，他们之间的关注和互动可以看作边。通过图论算法，我们可以分析网络的连通性、识别意见领袖和社区结构、预测信息传播趋势等。

而在所有学科中，图论与物理学的联结尤为紧密。图论被用于描述和分析复杂系统的结构和动态行为。从系统动力学角度理解网络，或用网络去描述一个系统，我们可以认为网络是一种复杂的系统（或描述系统的方法），其结构和功能受到多个组成部分和相互作用的影响。通过反馈循环和信息流动，网络能够维持其结构和功能，并在不断变化的环境中保持稳定和适应性。例如，在量子力学中，图论被用于表示和分析分子的结构和化学键；在统计物理中，图论被用于揭示复杂系统的统计性质。这种理论模式在最近的数百年间被发展为一门独立的学科——复杂网络，并进而成为科研界对于网络数据的理论方法进行整合与创新的交叉领域。

复杂网络的发展史可以清晰地分为几个主要阶段。

（1）早期图论阶段（18世纪到19世纪中期）：自1736年欧拉的哥尼斯堡七桥问题后，数学家们开始研究图的基本性质，如连通性、遍历性等。然而，这一时期关于图的研究发展相对缓慢。

（2）随机图理论阶段（1936年到1990年）：1960年，数学家Erdos和Renyi建立了随机图理论[①]，为构造网络提供了一种新的方法。这种方法中，两个节点之间是否有边连接不再是确定的事情，而是根据一个概率决定，这样生成的网络称为随机网络。

（3）复杂网络研究的兴起（1991年至2000年）：1998年，Watts和

---

① 　Erdos P, Ranyi A. On random graphs［J］. Publicationes mathematicae debrecen, 1959.

Strogatz在"Collective Dynamics of Small-world Networks"中提出了小世界网络模型[①]，该模型描述了现实世界中的网络既具有较大的聚集系数又具有较短的平均路径长度的特性。1999年，Barabasi和Albert在"Emergence of Scaling in Random Networks"中提出了无尺度网络模型[②]，刻画了实际网络中普遍存在的"富者更富"的现象，即节点的度分布服从幂律分布。2002年，Girvan和Newman在"Community Structure in Social and Biological Networks"中提出了复杂网络中普遍存在的聚类特性[③]，并给出了发现这些社团的算法。这开启了复杂网络中社团发现问题的研究热潮。

（4）复杂网络研究的深入（2001年至今）：随着研究的深入，复杂网络的更多特性被发掘出来，如自组织、自相似、吸引子等。钱学森给出了复杂网络的严格定义[④]，即具有自组织、自相似、吸引子、小世界、无标度中部分或全部性质的网络称为复杂网络。复杂网络研究的内容主要包括而不局限于网络的几何性质、形成机制、演化统计规律、模型性质、结构稳定性，以及演化动力学机制等。这些理论研究被应用于物理、生物、电子信息、交通物流、社交网络等多种网络的量化研究中，成为当代应用科学的显著代表。

随着"复杂网络"这一概念的提出，科研界对于网络的描述能力提高了，但仍然缺乏系统化的解析理论框架。目前主流研究方法通过"网络参数—网络对应矩阵谱分析—动力学方程"这一关联，用谱分析连接

---

① Luxburg U. A tutorial on spectral clustering ［J］. Statistical computing, 2007, 17（4）: 395-416.

② Bernardes A T, Stauffer D, Kertesz J. Election results and the sznajd model on Barabasi network ［J］. European physical journal B, 2002, 25: 123-127.

③ Fortunato S. Community detection in graphs ［J］. Physics reports, 2010, 486（3）: 75-174.

④ 钱学森. 一个科学新领域——开放的复杂巨系统及其方法论［J］. 城市发展研究, 2005（05）: 1-8.

网络结构和网络行为之间的关系，缺乏理论依据，对大数据和复杂网络结构解释性弱，对后续的机器学习等学科的应用缺乏支撑作用。在本书中，我们并非总在谈论一般意义上的复杂网络，但是，我们不妨使用复杂网络的视角，选取其中一些统计物理参数和复杂性现象来丰富我们对于网络的认知，并试图建立一整套基于图论和系统动力学常识的网络数据研究框架。

当前社会，随着数据挖掘成本的降低，网络科学界又迎来新的挑战：网络大数据。网络大数据是指用于处理、传输、存储和分析大规模数据（包括结构化、半结构化和非结构化数据）的网络系统。这些数据来源于多个不同的源头，包括社交媒体、传感器、移动设备等，具有多源异构、交互性、时效性、社会性和突发性等特点。它具有以下特点。

（1）规模庞大：大数据网络需要处理的数据量巨大，远远超出了传统数据库软件工具的能力范围。

（2）高并发性：由于数据来源众多，大数据网络需要同时处理多个数据流，并能够在高并发情况下保持性能稳定。

（3）实时性：大数据网络通常需要实时处理和分析数据，以便快速响应市场变化和业务需求。

（4）多样性：大数据网络中的数据类型多样，包括文本、图片、音视频等，需要采用多种技术手段进行处理和分析。

经典的非网络大数据理论，如分布式存储和计算、云计算等，并不能直接用于网络化数据。网络中包含节点和拓扑结构两种信息：节点类似于非网络大数据中的个体数据对象；而节点间的连边所形成的拓扑结构，是网络数据独有的重要特征。一直以来，经典的大数据方法多是基于数据对象的属性进行分类和描述，如果将该类方法直接应用于网络数据，会损失重要的结构特征。因此，对于网络大数据的分析和处理，需要采用专门的方法和技术，以兼顾节点和拓扑信息的分块与集成。图论中的许多算法和理论，如图的遍历、最短路径、最大流、图的匹配、图的着色、图的嵌入等问题，都为网络大数据的处理提供了有力的支持。通过图论的方法，可以深入探索网络数据的内部结构和动态特性，从而发现隐藏在数据背后的规律和模式。如何将经典理论以小成本、高精度的理论方法应用到网络大数据领域，也是本书的另一个重要部分。

此外，随着数据场景和任务的丰富，网络数据分析技术也在不断扩展和深化。例如，基于图论的图嵌入技术可以将网络数据映射到低维空间，以便进行可视化分析和数据挖掘；而基于图神经网络的深度学习模型则可以直接在图数据上进行训练和推理，以提取更加复杂和高级的特征。这些技术的应用将进一步推动网络大数据领域的理论发展和应用创新。

网络无处不在，贯穿自然界的基本构造和人类社会运行，发挥着至关重要的作用。自然网络维持生态平衡，社会网络则是信息传递和文化交流的关键。本书旨在运用经典数理科学和系统科学理论，建立一套具有泛化能力和系统性的理论框架，深入研究和理解网络的结构和运行机制，以及二者之间的关联。

网络大数据时代的到来为网络科学界带来了新挑战。未来研究的重要方向是如何在保证成本效益的同时，高精度地应用这些理论方法，以应对网络大数据时代的挑战，推动网络科学的进一步发展。

第2章 网络数据研究的数学准备

对于具有真实场景的网络数据研究，始于20世纪60年代的图论和网络动力学。但发展至今，其仍没有形成完备的解析方法体系，主要原因如下：①图论作为网络科学的理论基础，并非为解决图/网络上的动力学行为而产生，只为网络结构提供一种数学描述方法，与网络上的动力学行为之间难以建立定量关系；②用于描述网络的统计物理参数，相互之间相关系数高，基于统计学的定量分析，在网络结构对其动力学影响的研究中，准确性无法测量。

尽管网络科学中所谈论的"网络"概念十分宽泛，不仅包括了所有以节点和连边构成的数据形式，还考虑到了以欧氏距离为边权的网络化数据，甚至在某些情况下，将平均场中的振子所构成的动力学系统也纳入研究范围之中。科学界暂时没有在复杂网络这一领域之外的知识体系里专门为网络研究提供较为完整的描述和分析方法论。在本书中，我们并非总在谈论一般意义上的复杂网络，但我们不妨使用复杂网络的视角，选取其中一些统计物理参数和复杂性现象来丰富我们对于网络的认知，让网络科学在各个领域的应用更为多元和广阔，同时也更便捷。

复杂网络，是含有海量节点，且连边具有复杂性的网络数据对象。复杂性指连边呈现出某种统计物理属性，如小世界网络上的超短平均路径，或无标度网络的幂律度分布等。复杂网络既可以描述一种含有节点和连边的数据结构，也可视为对其他类型数据建模的方法，是当前机器学习过程和人工智能应用中亟待研究的理论热点。随着数据挖掘成本的降低，大数据和超高维数据大量涌现，包括超大型网络和含超高维特征节点的复杂网络，但针对该类数据对象的解析方法一直处于空白阶段。

随着"复杂网络"这一概念的提出，科研界对于网络的描述能力提高了，但解析方法仍然空白。目前主流研究方法为通过"网络参数—网络对应矩阵谱分析—动力学方程"这一关联，用谱分析连接网络结构和网络行为。但这一方法缺乏理论依据，对大数据和复杂网络结构解释性弱，对后续的机器学习等学科的应用缺乏支撑作用。

实际网络兼具有确定和随机这两大特征，确定性的法则定义了现有理论体系中的复杂网络类型与主要参数，为来源于不同领域的网络数据建模提供了基础方法论。虽然大多数网络统计属性仅描述网络的拓扑性质，但连边间多样化的相互作用，对网络上运行的动力学产生了巨大的影响，具有非常重要的意义。

在本章中，我们将提供已被学界广泛认可的复杂网络数学基础，包括常用的网络统计参数、常见的网络演化模型、复杂网络的谱方法，以及动力学方法等。这一系列的数学刻画，将为后续章节的网络现象研究提供可推理的数学基础，并为其他领域中的网络建模提供具有解释性和可调整参数的基础模型。

本书假设读者已具备初步的图论、线性代数、常微分方程和数理统计的基本知识。本章节将只提供与后续章节相关的数学描述和数学方法，而对于希望了解更详细知识或证明的读者，可参看本章所提及的参考文献。

2.1　常用统计参数与图论解释

2.1.1　图与网络

图和网络（network）是机器学习和人工智能中的重要建模手段。网络这一定义指现实世界中以节点和连边形式存在的数据对象，如社交网络、通信网络、万维网等。而图侧重于描绘一种含有节点和连边的数据结构，不仅包括了网络，也可视为对其他类型数据建模的方法：将单个对象视为节点，将对象间的距离视为连边上的权重，利用图论中的谱方法，对数据进行刻画和分析，如基因数据、购物数据等。

图论，是公认的网络问题和图问题的数学基础，用点和连边关系描述平面或二维曲面上的拓扑问题。学界一般认为"图论"作为独立的研究体系，始于18世纪对于哥尼斯堡七桥问题的研究。哥尼斯堡（Königsberg）位于欧洲波罗的海东南沿岸的桑比亚半岛南部，城区被Pregel河上的7座桥分为4个部分。18世纪时，产生了这样一个问题，是否可以从某一个地点出发，走过所有7座小桥，不重复也不遗漏，最后回到起点？

瑞士裔俄罗斯数学家欧拉（Leonhard Paul Euler，1707—1783）于1735年向圣彼得堡科学院提出数学论证：哥尼斯堡七桥问题无解。图2.1中欧拉的原稿被抽象为图2.2，在图上沿着任一条连边往前走，当走到任意一个非终点的节点时，这个节点连起了一条入边和一条出边。依此类推，它必须有偶数条连边。而七桥问题不满足该条件。欧拉于1741年以拉丁文正式发表了论文"关于位置几何问题的解法"[①]，文中详细讨论了七桥问题并做了一些推广。该论文被认为是数学图论、拓扑学和网络科学的开端。

---

① Euler L D. Solutio problematis ad geometriam situs pertinentis [J]. Commentarii academiae scientiarum Petropolitanae，1741，8：128–140.

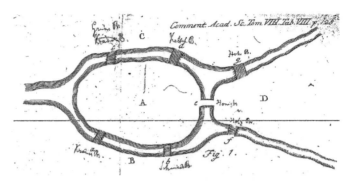

图2.1 欧拉的七桥问题手稿

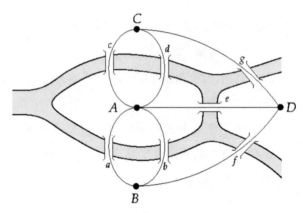

图2.2 欧拉的七桥问题对应图

1950年后，计算机技术开始高速发展，为了使用机器处理较大规模数据，基于矩阵的网络/图描述方法成为当时的潮流，并延续至今。我们将在本章的2.2节讨论基于各类矩阵的谱方法。而利用计算机得出的各类谱研究网络拓扑特征，成为20世纪后半叶图论界的研究重点。在复杂网络这门学科繁荣和瓶颈共存的今天，我们仍然要基于图论对于网络的描述与分析，展开本书中的所有研究。

我们利用经典图论对"网络"这一概念，从"图"的角度进行描述。图是一种由一系列节点和节点对组成的集合，这些节点组成的节点对，称为边，是表现图的拓扑结构的重要部分，图具有去中心化、非线性等特点。

一般来说，图的定义如下：有二元组 $G=(V, E)$，式中 V、E 均是有限集，V 表示节点的集合，$E \subseteq V \times V$ 表示边的集合，我们称 G 为图。在大数据时代，由于数据类型的多样性和复杂性，我们再进一步对图进行以下 3 点补充描述。

（1）图分为无向图和有向图两种，前者的边两端的节点没有先后次序，后者的边两端的节点有逻辑上的先后次序，因此常用箭头表示。

（2）图的节点可以含有高维特征组，记为 $A = \{x_1, x_2, \cdots, x_m\}$。

（3）图的节点和连边均可能含有权重，而本书侧重于研究不含边权与点权的网络。

图与图之间又构成了子图、超图的关系。有图 $G=(V, E)$ 和 $G'=(V', E')$，如果 $V' \subseteq V$，$E' \subseteq E$，称 G' 是 G 的子图，或 G 是 G' 的超图，记为 $G' \subseteq G$。

我们将在接下来的 2.1.2 ~ 2.1.5 中介绍图论中常用的图测度，如路径、聚类系数等。我们将在此处首次将图论和统计物理学中关于网络的统计物理描述进行关联，以方便后续的网络动力学定量研究。

2.1.2　度和度相关性

节点的度（degree）是描述单独节点属性和网络局部特征的重要概念。度定义为节点的邻边数，记为

$$k_i = \sum_j a_{ij} = \sum_j a_{ji} \tag{2.1}$$

对一个含有 N 个节点的网络求取节点的平均度，记为

$$<k> = \frac{1}{N} \sum_{i=1}^{N} k_i \tag{2.2}$$

度是网络结构最直观的度量。对于单个节点来说，度越高，与之直接相连的其他节点越多，通过它的路径也越多，该节点则越重要。对于网络局部来说，如果局部平均度较之全网高，则该局部可能存在紧密的社区

结构，这一特征也是社区挖掘的基本判断标准。网络整体的平均度，代表了网络的连通能力。平均度越高，连通能力越强，一个极端情况就是含有 N 个节点的全连通网络，平均度为 $N-1$，每个节点都可与其他节点直接沟通，网络的连通性和对于扩散行为的支持程度达到了上限。

度分布（degree distribution）是关于网络中节点度的另一重要概念。现实网络中的度存在差异性，往往服从一些特定的概率分布。当代复杂性科学对于网络的研究，就始于对度的概率分布的观察，而常用的典型网络也是依据度的概率分布而定义。在本书中，我们用 $P(k)$ 表达度分布。

对于规则网络（如全连通网络）来说，所有节点的度是一致的，服从 Delta 分布。随着规则网络的随机化，Delta 分布的尖峰逐渐变宽，度分布趋于泊松分布。而在现实生活中的大规模网络，其尖峰左倾，下降比泊松分布缓慢，呈现出一种"少数节点拥有大量连边"的性状，称为幂律分布。对于各类分布的形成，以及由它们定义的典型网络，我们将在本章的2.3小节给出详细描述。

度的相关性（degree correlation，DC）描述了网络中度大的节点和度小的节点之间的关系。如果网络中，近似度的节点倾向于互连，则称网络的度是正相关的（assortative），此时网络具有同配性。反之，如果度差异大的节点倾向于互连，则网络的度负相关（disassortative），此时网络具有异配性，如图2.3所示。度的相关性在决定网络结构的过程中具有重要意义，即使具有相同度序列的网络，也可以形成截然不同的拓扑结构。

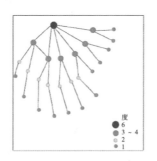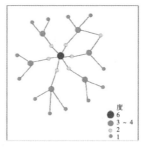

图2.3　正相关连接与负相关连接

一般，我们利用最近邻平均度表达相关性，记为

$$k_{nn}(k) = \frac{1}{N} \sum_{i \in M_k}^{N} k_{nn,i}(k) \qquad (2.3)$$

用来表达度为 k 的节点的邻点平均度。式中 M_k 表示度 k 节点的集合。如果网络中正相关连接较多，则 $k_{nn}(k) - k$ 曲线的斜率大于零；反之，如果负相关连接较多，则该曲线斜率小于零。

随后，Newman 提出了一种基于 Pearson 相关系数的度相关性计算方法[①]，定义为

$$r = \frac{m^{-1}\left(\sum_{e_{ij}} k_i k_j\right)^2 - \left[m^{-1}\sum_{e_{ij}} \frac{1}{2}(k_i + k_j)\right]^2}{m^{-1}\sum_{e_{ij}} \frac{1}{2}(k_i^2 + k_j^2) - \left[m^{-1}\sum_{e_{ij}} \frac{1}{2}(k_i + k_j)\right]^2} \qquad (2.4)$$

式中，m 为网络总边数，e_{ij} 作为连边，其两个端点的度分别为 k_i 和 k_j。作为 Pearson 相关系数的 $r \in [-1,1]$，以极端情况全连通网络来说，全网皆为正相关连接，r 取值为 1。该方法目前为研究度相关性的主要方法之一。

关于度的研究，将在后续章节中进一步展开，以观察度分布等统计学现象与网络上的动力学行为之间的关系。

2.1.3　路径、直径与体积

路径（path）是图论中的重要概念，表达了节点通过边相互连通的方式，将点和边的概念关联在了一起。路径既可以同时度量节点或连边在网络中的重要程度，也可以表征网络的连通性能。在扩散型的网络动力学中，路径以及相关概念是研究的首要任务。

最短路径长度（shortest path length）是一个局部参数，指两个节点间

---

① Newman M E. Assortative mixing in networks [J]. Physical review letters, 2002, 89: 208701.

可能与对方连通所需的最少连边数。以图2.4为例，节点A与节点F之间无直接连边，但存在多种间接的连通方式，如A—D—C—F，或A—B—E—H—F等，有兴趣的读者可在此进行穷举，而其中，最短路径为A—D—F，即最短路径为2。

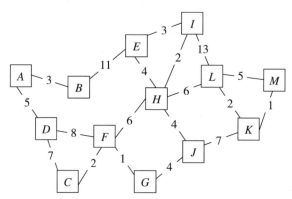

图2.4　含有丰富路径的网络

平均路径长度（average path length，APL）一般指整个网络中，所有节点对的最短路径长度的平均值，作为全局参数是描述网络连通性的主要工具。例如在2.3.3小节中将要介绍的小世界网络，就以较短的APL刻画。APL的计算方法记作

$$APL = \frac{2}{N(N-1)}\sum_{i \neq j}^{N} d_{ij} \qquad (2.5)$$

大多数研究认为d_{ij}是节点i和节点j之间的最短路径长度。

随之产生的概念，是网络的直径（diameter），即网络中任意一对节点之间最短距离中的最大值，记作

$$D = \max\{d_{ij}\} \qquad (2.6)$$

在给定节点数N和连边数m的情况下，网络的直径一定程度上可以反映网络的紧密程度：较短的直径意味着各节点可以通过较短的路径找到对方，网络结构较紧密；反之，极端情况下，如果网络中的节点多以链路的形式相连，则网络结构较松散。直径用此方法刻画了网络的体积。在另外一些研究中，认为网络的体积指的是节点度的总和。无论如何，网络的统

计物理参数，往往需要参考具体的应用场景进行定义，以保证研究的有效性和可行性。

2.1.4　聚类系数

聚类系数（clustering coefficient，CC）常用来与2.1.2节中的度相关性一起表达网络的基本拓扑结构，后者描述了网络中节点连接倾向与度之间的关系，而前者侧重于描绘节点的邻居之间互为邻居的关系，二者结合，可以观察出网络中社团的存在，以及社团的类型等现象。平均聚类系数（ACC）表示同一节点的邻居节点之间也互连的数量在节点总数中的比例，可记作

$$ACC = \frac{1}{N} \sum_{i,\ \forall m_i}^{N} \frac{2e_{pq}}{n_{m_i} \times \left(n_{m_i} - 1 \right)} \tag{2.7}$$

式中，m_i 表示网络中第 i 个节点的直接邻居的数目，e_{pq} 为其邻居中任意节点 p 和节点 q 可能的直接连接。举一个普通的例子，将三角形视作含有3个节点，并且各自相连的小型网络，对每一个节点来说，CC值都为1，以及ACC也为1。上述两个值可以描述网络中小型社团的出现，以随机网络为例，一般ACC较低，而同样节点和连边数的小世界网络则会有较高的ACC值。

另一与CC密切相关的概念是"集团度"，文献[1][2][3]将每两个节点之间皆为互连的完全子图称为"集团"，一个"m-集团"指的是网络内含有 m 个节点的全连通子图。集团的出现不仅意味着集团内部节点间良好的合

---

[1]　Fortunato S. Community detection in graphs [J]. Physics reports, 2010, 486（3）：75-174.

[2]　Newman M E. Fast algorithm for detecting community structure in networks [J]. Physical review E, 2004, 69（6）：066133.

[3]　Newman M E. Modularity and community structure in networks [J]. Proceedings of the national academy of sciences of the united states of america, 2006, 103（23）：8577-8582.

作，同时，作为一个较大的连通中枢，每个内部节点的邻居都可通过集团快速到达网络的其他部分，对于全网络CC的提高具有良好作用，在真实网络中，意味着高效的沟通和合作。

在如今较为通用的模拟和编程软件平台中，如Matlab、Python等，都有较为全面的面向网络数据的工具包，对网络的统计物理属性进行计算。一般来说，常用的属性如APL、CC等，单独获取往往缺乏可解释性，而这些变量相结合，可以快速推断出网络拓扑的基本特征。例如，短APL结合高CC意味着小世界结构，而中等APL和高DC极有可能是具有幂律分布的正相关无标度网络等。如果使用被大家熟知的经典真实网络来进行论证，如WWW网络、蛋白质网络等，可以发现这一类定性分析准确性较高。但遗憾的是，到目前为止，还没有成体系的统计方法或数学方法构造出一套研究框架，来对常用的统计物理属性进行整体全面的定量研究。本书在后续章节的讨论，也是希望基于当前理论体系的不足，提出较为可行的数学方法，对多种类型的复杂网络进行定量研究。

2.1.5　中心度与中心化

对于复杂网络进行刻画的统计物理方法，往往从微观的某个节点或连边入手，进而对全局进行观察。中心度（degree centrality，DC），以及与之相关的一系列概念亦具有此功能，用来观察网络是否存在核心，如果是，每个节点趋于核心的远近程度又如何。网络中第 i 个节点的中心度计算公式如下：

$$DC(i) = \frac{\sum_j e_{ij}}{N-1}, \quad \forall e_{ij} \in E \tag{2.8}$$

式中，$N-1$ 可以理解为将节点的度进行归一化的过程。

我们以图2.5为例，对中心度进行简单的讲解。该网络含有4个节点，其中节点4的度为3，则中心度为1；节点3的度为1，则中心度为 $\frac{1}{3}$。很明显，节点4在图中具有类似于星状图中心的核心位置，对应着全网络最高的中心度。

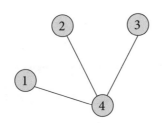

图2.5　含有4个节点的简单网络

在确定了每个节点的中心度之后，可以对网络的"中心化程度"展开计算，用来从全局角度进一步了解网络的同质性或异质性结构特征，计算方法如下：

$$DC = \frac{\sum_i DC^* - DC(i)}{(N-1)\max\left[DC^* - DC(i)\right]} \qquad (2.9)$$

式中，DC^* 为网络中最大中心度取值。

以极端情况举例，如果网络为全连通图，易知 $DC^* - DC(i) = 0$，中心化程度为0，全网络所有节点地位相等，网络处于无中心的均质态。而在星状图中，只有一个节点度为 $N-1$，其余节点度皆为1，当网络极大，取 $N \to \infty$ 时可知中心化程度趋于1，体现出了特征。

中心度和中心化程度可用来观察网络中重要节点的存在，以及该类节点与其他节点的沟通情况，在多种网络模型（如社交网络、疾病扩散与控制研究）中具有重要意义。结合2.1中其他的统计属性，增加或减少少数节点的连边度，可以用较小成本实现对网络尽可能大的控制。

2.2　复杂网络的谱方法

2.2.1　邻接矩阵与权重矩阵

邻接矩阵法是图论中一种常用的表示图结构的方法。它通过一个二维矩阵来表示图中各个顶点之间的连接关系。在邻接矩阵中，矩阵的行和列分别代表图中的顶点，而矩阵中的元素则表示对应顶点之间是否存在边。图的邻接矩阵能够很方便地表示图的很多信息，且具有描述简单、直观的特点。无向简单图的邻接矩阵定义如下：设图 $G=(V,E)$，有 $n \geq 1$ 个顶点，分别为 $v_1, v_2, \cdots, v_n$，则 G 的邻接矩阵 A 是按如下定义的一个 n 阶方阵：

$$A = (a_{ij})_{n \times n}, \quad a_{ij} = \begin{cases} 1, & (v_i, v_j) \in E \\ 0, & \text{否则} \end{cases} \quad (2.10)$$

以图2.6中的无向图为例，我们可以初步得到一些直观的结论：邻接矩阵是一个 $(0,1)$ 对称矩阵，对角元素为0；矩阵的各个行和（列和）是各个顶点的度，所有元素相加和为边数的二倍；如果设 $S_l = \sum_{k=1}^{l} A^k \ (l \geq 1)$，则 S_l 中 i,j 位置元素 $S_{i,j}^{(l)}$ 为顶点 v_i 与 v_j 之间长度小于或等于1的通路的个数。若 $S_{i,j}^{(n-1)} = 0$，则说明 v_i 与 v_j 之间没有通路。由此我们可以得到一个判断图 G 的联通新的重要准则：对于矩阵 $S_l = \sum_{k=1}^{l} A^k$，若 S 中所有元素都非零，则 G 是连通图，否则图 G 是非连通图。

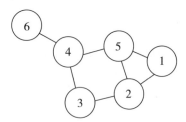

图2.6　一个简单的无向图

图2.6中的图对应的邻接矩阵为

$$\begin{bmatrix} 0 & 1 & 0 & 0 & 1 & 0 \\ 1 & 0 & 1 & 0 & 1 & 0 \\ 0 & 1 & 0 & 1 & 0 & 0 \\ 0 & 0 & 1 & 0 & 1 & 1 \\ 1 & 1 & 0 & 1 & 0 & 0 \\ 0 & 0 & 0 & 1 & 0 & 0 \end{bmatrix}$$

在以上无向图的讨论中，我们可以进一步建立一些加权网络的权重矩阵，基于邻接矩阵，将 a_{ij} 写为节点 i 和 j 之间的边权 w_{ij}。

邻接矩阵和权重矩阵在图遍历、最短路径算法、最小生成树等许多算法和应用中得到了广泛的应用。尽管邻接矩阵具有一些优点，但在存储空间和稀疏图方面存在一些缺点。在实现上，我们可以使用二维数组来表示邻接矩阵，并通过相应的操作来创建、修改和查询图的连接关系。

2.2.2　关联矩阵

关联矩阵是另一种常见的图表示方法，用于描述图中节点与边之间的连接关系。在关联矩阵中，行表示节点，列表示边，矩阵的元素表示节点与边之间的连接关系。关联矩阵的计算可以通过以下步骤进行。

（1）创建一个 $n \times m$ 的矩阵，式中 n 是图中节点的个数，m 是图中边的个数。

（2）将矩阵的所有元素初始化为0。

（3）对于图中的每一条边 (i, j)，将矩阵的第 i 行第 k 列和第 j 行第 k 列的元素置为1，表示边 k 连接了节点 i 和节点 j。

通过关联矩阵可以方便地获取节点和边的信息，如节点的度数、边的权重等。同时，关联矩阵也可以用于图的聚类、社区发现等算法中，对于图的结构进行分析与推断。例如，一个经典的例子——社交网络分析：邻接矩阵和关联矩阵可以用于分析社交网络中的节点间关系，如好友关系、兴趣关联等。通过计算节点间的邻居关系和路径长度，可以进行社区发现、重要节点挖掘等任务。

总结起来，邻接矩阵和关联矩阵是图论中常用的矩阵表示方法，用于描述图中节点和边的连接关系。它们的计算方法简单直观，并且在图的分析和实际应用中具有广泛的作用。在各个学科和领域中，邻接矩阵和关联矩阵都发挥着重要的作用，推动了相关领域的发展和进步。

2.2.3 拉普拉斯矩阵与谱分析

拉普拉斯矩阵（Laplacian matrix），也称"基尔霍夫矩阵"，是表达图关系的另一种矩阵，给定图 $G = (V, E)$，利用我们在2.2.1节中研究过的邻接矩阵 A，可以推导出拉普拉斯矩阵 L 为

$$L = D - A \qquad (2.11)$$

式中，D 为度矩阵。以图2.6中的无向图为例，度矩阵为

$$\begin{bmatrix} 2 & 0 & 0 & 0 & 0 & 0 \\ 0 & 3 & 0 & 0 & 0 & 0 \\ 0 & 0 & 2 & 0 & 0 & 0 \\ 0 & 0 & 0 & 3 & 0 & 0 \\ 0 & 0 & 0 & 0 & 3 & 0 \\ 0 & 0 & 0 & 0 & 0 & 1 \end{bmatrix}$$

则可由式（2.10）知，对应的拉普拉斯矩阵为

$$\begin{bmatrix} 2 & -1 & 0 & 0 & -1 & 0 \\ -1 & 3 & -1 & 0 & -1 & 0 \\ 0 & -1 & 2 & -1 & 0 & 0 \\ 0 & 0 & -1 & 3 & -1 & -1 \\ -1 & -1 & 0 & -1 & 3 & 0 \\ 0 & 0 & 0 & -1 & 0 & 1 \end{bmatrix}$$

在网络科学中，邻接矩阵和关联矩阵一般用于对网络的表达，而拉普拉斯矩阵常用于对网络的分析。我们在各类教材、文献中所谈到的"谱分析"指的是对拉普拉斯矩阵的特征值，以及对应特征向量的分析。例如，我们将在第3章中使用拉普拉斯第二特征值预测网络上的同步过程，在第5章中利用谱聚类进行网络社团挖掘。在后面的章节中，我们将逐步见证拉普拉斯矩阵中隐含的网络结构信息，并建立它的特征谱与各项网络统计物理参数之间的定量关系，从而完善我们对于网络的解析体系，将微分方程、图论等多门学科中对于网络的学习方法统一成一套简单有效、可泛化的理论体系。

拉普拉斯矩阵是对称半正定矩阵，它的结构决定了它的行和皆为0，由此可知 $\boldsymbol{L} \cdot 1 = 0 \cdot 1$，即它的最小特征值是0，相应的特征向量中所有数字元素都相等，我们一般写作 1。进而可得知，拉普拉斯矩阵有 n 个非负实特征值 $0 = \lambda_1 \le \lambda_2 \le \cdots \le \lambda_n$，且对于任何一个属于实向量 $\boldsymbol{f} \in \mathbf{R}^n$，有以下式子成立：

$$\boldsymbol{f}'\boldsymbol{L}\boldsymbol{f} = \frac{1}{2}\sum_{i,j=1}^{N} a_{ij}(f_i - f_j)^2 \qquad (2.12)$$

以上若干结论将成为我们对于网络结构的认知基础。

2.3　常见复杂网络类型

并非所有网络都是复杂网络。我们在不同的知识领域中可以获取一些关于网络的认知，如图论中的基于节点和连边的网络结构、动力学系统中的振子耦合力、分形科学中的分形网络等。网络存在于自然与生活的方方面面，但科学界暂时没有在复杂网络这一领域之外的知识体系里专门为网络研究提供较为完整的描述和分析方法论。本节中，我们不妨使用复杂网络的视角，增加若干对于网络描述和分析的定量方法。

2.3.1　统计复杂性

在本节的阐述中，笔者受到何大韧教授各类书籍、文献、报告等的大量启发，在此向读者们推荐何教授的《复杂系统与复杂网络》一书，该书对于"复杂性"的定性与定量描述、数学方法的铺垫、复杂网络的讲解与应用等值得本领域的学者们作为必备的参考书深入学习。

在经典的数理统计方法中，对于大量数据的观察，提出了一系列的定量参数，如均值，中位数等；对于随机变量的描述也具备了一整套的概念体系，如数学期望，方差，相关系数等。与此同时，大多数进行过本科及以上数理科学培养的读者们，也学习过统计学中的回归方法，以及假设检验等理论。但当我们进入复杂科学的知识体系之后，例如说复杂网络，会发现，各类经典作品中并不会太多地使用经典的概率论与数理统计体系来对复杂系统进行观察与分析。一个重要原因就是，复杂系统作为整体存在的重要特征，在于大量个体之间的简单互动机制在平均场内爆发出了巨大的统计特殊性，如小世界属性等。换句话说，复杂系统的研究中，对于整体研究的意义远大于对于个体的观察。与此同时，大量的统计复杂性特征，出现在复杂系统的演化过程中，如第3章中我们将提及的网络上的同步现象等，这也超出了经典数理统计科学的研究范畴。我们在2.1中列举了一些复杂系统科学兴起后，在本领域内广为接受的一些体现复杂性的统计物理参量，但显然，这并不足以帮助我们分析所有的复杂网络。这是因为这些参量之间具有难以预测的相关性，无法以回归的思路研究它们对于网络复杂性现象的影响；另外，这些参量在复杂科学发展史上的出现也有先后，随着新的参量被发现，整个观察体系都会随之做出较大的调整，而是否还有潜在的统计物理参量未被科学界发现，这将是一个在未来很长时间里对于科学家们来说敞开式的话题。

我们可以试着拓宽思路，从不同的学科角度来理解复杂系统的统计复杂性。从热力学角度来说，早在1988年，洛德和佩格斯就提出，复杂系统本身的物理性质不应依赖于计算机模拟那样的描述手段，并严格证明了复杂性度量正比于"可以实验确定的、导向此态的轨道集合的香农信息"，并将之定义为"热力学深度"，同时严格证明了热力学平衡态纯物质完美晶格的热力学深度为零。同时代或稍晚的物理学家们也提出，趋近于周期向混沌过渡的临界点时，复杂性的统计度量最大。在接下来的约20年中，大量科学家通过理论或数值的方法发展了复杂系统演化过程中信息度量方法。

以上发展史中的观点，多是针对复杂系统中的动态演化展开研究从而得到的结论。也就是说，相比较经典统计学，复杂系统已经发展出了一套不与统计学矛盾，但研究方法差异较大的理论体系。复杂网络的研究者，也就不能止步于对于静态的统计参数的观察，而是要从多个维度去观察、描述、解析网络上的复杂性。基于此，复杂网络的分析过程，可以包括但不局限于网络结构分析、演化过程分析和动态行为分析等多个方面。以下就分别进行介绍。

（1）网络结构分析：主要针对节点度分布、小世界性质、网络聚集系数等网络拓扑结构特性进行研究。它的基本原理是通过案例实证、统计推断或者数学计算等多个角度来研究网络结构特性与统计规律之间的关系。

（2）演化过程分析：主要针对复杂网络中节点的群体行为，以及群体间的扩散过程进行研究。该分析主要适用于生物网络、社交网络等网络结构。在这些网络中，节点的个体行为或反馈往往会导致整个网络演化。

（3）动态行为分析：主要是突出复杂网络中动态变化的特性，可通过动态熵、复杂网络中信息传播等方法进行计算。其中，动态熵是在某个时刻，网络状态信息传递的度量。在某个时刻，信息传递的速度越快，网络状态信息传递度量的动态商值越低。

如同大多数的研究所见，我们多是利用各类网络的增长或网络动力学的演化来挖掘网络的统计复杂性。因此，我们首先要了解一些常用的复杂网络模型，它们未必能概括大家在广泛的自然和社会网络中所有的复杂网络类型，但提供了一种较为便利的描述体系，供大家改良和拓展。

2.3.2　随机网络

随机图论起源于20世纪40年代一些零星的文章，其中Sezle的文章给出了目前已知的最早利用概率方法证明的非平凡的图论定理。1959年到1961年，Erdos和Renyi在图论领域的著名文献以及后续的若干研究[①]，使得随机

---

①　Erdos P，Ranyi A．On random graphs［J］．Publicationes mathematicae debrecen，1959.

图论开始成为图论一个正式的分支，他们所构建的随机图的模型在后来被称作ER模型。下面的三篇重要文献向我们展现了随机图论的全貌，也包含了我们将要讨论到的大部分问题。

考虑一个 n 阶无向图 $G(V,E)$，Erdös和Rényi给出了两种相似但又不完全相同的随机图的模型。如果任意两点之间独立地以概率 p 连边，以概率 $q=(1-p)$ 不连边，就得到第一种ER随机图，习惯上记作 $G_{n,p}$；如果完全随机地选择 m 条边作为边集 E，则得到第二种ER随机图，习惯上记作 $G_{n,m}$。本节主要讨论 $G_{n,p}$ 的性质，其中大多数的结论对于图 $G_{n,m}$ 也是适用的（这里显然有 $m=\dfrac{p}{2}n(n-1)$）。

设 $n\to\infty$ 且 $p\to0$（实际物理应用时只需要 n 足够大、p 足够小，即可近似地求解），使得节点平均度 $z=p(n-1)$ 为有限常数。只需注意到任意节点度为 k 的概率为

$$p_k=\binom{n-1}{k}p^k(1-p)^{n-1-k}\approx\frac{z^k\mathrm{e}^{-z}}{k!} \tag{2.13}$$

即可得到下面的定理。

定理2.1： 若 $G_{n,p}$ 满足 $n\to\infty$，$p\to0$ 且 $z=p(n-1)$ 为有限常数，则其度分布为均值为 z 的泊松分布。因此，$G_{n,p}$ 常被叫作泊松网络。

我们将图的顶点标号，以便彼此区别。对于某个 k 阶图 F，N_F 被定义为 K_k 中与 F 同构的图的数目。定理2.2给出了在 $G_{n,p}$ 中特定结构出现的频次。

定理2.2： 记 X_F 为图 $G_{n,p}$ 中与 F 同构的子图的数目，则 X_F 的期望值为

$$E_p(X_F)=\binom{n}{k}\frac{k!}{a}p^{\varepsilon(F)} \tag{2.14}$$

式中，a 是 F 自同构群的阶数。

证明： 显然有 $E_p(X_F)=N_F p^{\varepsilon(F)}$，且根据同构计数原理有 $N_F=\binom{n}{k}\dfrac{k!}{a}$，

故可得（2.14）式。

定理2.2虽然简单，但是随机图论最基本的定理之一，有着广泛的应用。

ER随机网络的构造有两种方法。

第一种方法：定义有标记的 N 个节（网络中的节点总数），并且给出整个网络的边数 n ，这些边的选取采用从所有可能的 $\dfrac{N(N-1)}{2}$ 种情况中随机选取。

第二种方法：给定有标记的 N 个节点，以一定的随机概率 p 连接所有可能出现的 $\dfrac{N(N-1)}{2}$ 种连接。假设最初有 N 个孤立的节点，每对节点以随机概率 p 进行连接。其中， $p=0$ 时，给定10个孤立节点，如图2.7（a）所示； $p=0.1$ ，0.15时，生成的随机图如图2.7（b）（c）所示。

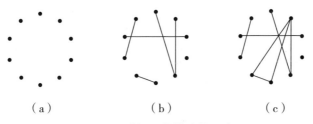

（a）　　　　　　　（b）　　　　　　　（c）

图2.7　ER随机网络的演化示意图

ER随机网络模型具有如下基本特性。

（1）涌现或相变：如果当 $N\to\infty$ 时产生一个具有随机性的ER随机图的概率为1，那么几乎每一个ER随机图都具有极大的连通性，且这种连通性并不是缓慢增加，而是在某个连边完成后突然涌现的。

（2）度分布：对于一个给定连接概率为 p 的随机网络，若网络的节点数 N 充分大，则网络的度分布接近泊松（Poission）分布，如图2.8所示。

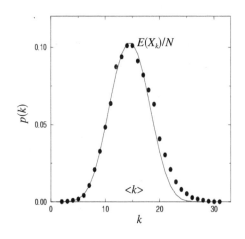

图2.8　ER随机网络的度分布

（3）平均路径长度：假定网络的平均路径长度为 L，从网络的一端走到网络的另一端，总步数大概为 L。由于ER随机网络的平均度为 $\langle k \rangle$，对于任意一个节点，其一阶邻居的数目为 $\langle k \rangle$，二阶邻居的数目为 $\langle k \rangle$。以此类推，当经过 L 步后遍历了网络的所有节点，因此对于规模为 N 的随机网络，有 $\langle k \rangle = N$。由于 $\ln N$ 的值随 N 增长较慢，所以规模很大的ER随机网络具有很小的平均路径长度。

在常见的复杂网络研究中，我们常常将随机图视为一种小世界网络的极端情况，即将规则网络按照一定概率进行断边重连后，可在某个概率阈值上涌现小世界属性，而如果我们不断重复断边重连，则将得到随机图。

2.3.3　小世界网络

在对这个话题进行讲解之前，我们首先要区分"小世界效应"与"小世界网络"。小世界效应是一种网络特性，意味着网络中的大多数节点是相互连接且能通过较短的路径可以找到对方的。在网络科学中，为了表达网络的小世界系数，需要计算两个关键指标：平均路径长度和全局聚类系数。平均路径长度是指网络中所有节点对之间的平均距离，而全局聚类系数则衡量了网络中节点的聚集程度。著名的"六度分离理论"就是在描述人际网络中的小世界属性。

1967年，著名的心理学家Mil在哈佛大学做过一个简单的实验[①]。这个实验的过程可以进行如下简述：Mil随机地将一些信件分发给内布拉斯（Nebraska）的一些实验参与者，这些信件的目的地是马萨诸塞州（Massachusetts）的首府波士顿（Boston）（之所以这么选择，是因为Mil认为这两个地方相距甚远）。参与者在拿到信件之后，他们将这些信件通过熟人的方式传送到指定的收信人手中。虽然在传递的过程中有些信件丢失了，但是有相当一部分的信件都送到了指定的人的手中。Mil发现这些信件平均只需要通过6个人便可以送到指定的人的手中。因此，Mil断定任何两个人平均只需要通过6个熟人便可以与对方联系起来，这个结论被称为"六度分离"（six degree）。后来在更为精确的实验下，研究者得出随机选出的两个人只需要通过较少的熟人便可以联系起来，这个结论现在被称为"小世界效应"。从动力学的角度说，可以认为是真实网络形成过程中，节点与节点之间某种聚集现象的涌现。但实际上，在小世界网络的拟合过程中，我们无法仅凭着对平均路径和聚类系数的要求去完成网络生成。因此，网络科学界出现了各类型的小世界网络生成机制，其中最著名的就是WS小世界模型。

1998年，Watts和Strogatz提出了小世界网络这一概念[②]，并建立了WS模型。传统的规则最近邻耦合网络具有高聚类的特性，但并不具有小世界特性；而随机网络具有小世界特性，但没有高聚类特性。因此，这两种传统的网络模型都不能很好地来表示实际的真实网络。Watts和Strogatz建立的小世界网络模型就介于这两种网络之间，同时具有小世界特性和聚类特性，可以很好地来表示真实网络。其生成方法也将规则图、小世界网络、

---

① Guare J, Sandrich J, Loewenberg S A. Six degrees of separation [M]. LA Theatre Works, 2000.

② Luxburg U. A tutorial on spectral clustering [J]. Statistical computing, 2007, 17（4）: 395–416.

随机图进行了关联，为我们后续的阐述提供了一些理论依据。WS模型的机制如下。

（1）从规则网络开始：考虑一个含有 N 个节点的最近邻耦合网络，它们围成一个环，其中每一个节点都与它左右相邻的各 $\frac{k}{2}$ 个节点相连，k 是偶数。

（2）随机化重连：以概率 p 随机地重新连接网络中的每一条边，即将连边的一个端点保持不变，而另一个端点取为网络中随机选择的一个节点。其中规定，任意两个不同的节点之间至多只能有一条边，并且每个节点不能有边与自身相连。

为了保证网络具有稀疏性，要求 $N > k$，这样构造出来的网络模型具有较高聚类系数。而随机化重连过程大大减小了网络的平均路径长度，使网络模型具有小世界特性。当 p 取值较小时，重连过程对网络的聚类系数影响不大。当 $p = 0$ 时，模型退化为规则网络；当 $p = 1$ 时，模型退化为随机网络。通过调节 p 的值，就可以控制模型从完全规则网络到完全随机网络的过渡，如图2.9所示。

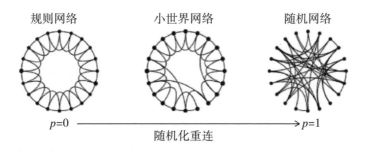

规则网络　　　　小世界网络　　　　随机网络

$p=0$ ————————————————→ $p=1$

随机化重连

图2.9　WS小世界网络模型[1][2]

①　Albert R, Barabasi A L. Statistical mechanics of complex networks［J］. Reviews of modern physics, 2001, 74（1）: 47.

②　Watts D J, Strogatz S H. Collective dynamics of 'small-world' networks［J］. Nature, 1998, 393（6684）: 440-442.

WS小世界网络模型的聚类系数和平均路径长度，可以看作是重连概率 p 的函数，分别记为 $C(p)$ 和 $L(p)$，它们的变化规律如图2.10所示。在某个 p 值范围内，WS网络模型可以得到既有较短的平均路径长度（小世界特性），又有较高聚类系数（高聚集特性）。图2.10中 p 值在0.01附近的网络即兼具这两方面的特征。

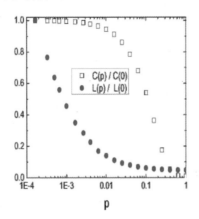

图2.10　WS小世界网络模型的簇系数和平均路径长度随 p 的变化关系

小世界网络模型的随机化重连有可能破坏网络的连通性。为了避免出现因重连而造成的孤立子网，美国学者Newman与Watts合作，于1999年提出了用"随机化加边"取代"随机化重连"的小世界网络模型，称为NW小世界模型[①]，构造算法如下。

（1）从规则网络开始：考虑一个含有 N 个节点的最近邻耦合网络，它们围成一个环，其中每一个节点都与它左右相邻的各 $\dfrac{k}{2}$ 个节点相连，k 是偶数。

（2）随机化加边：以概率 p 在随机选取的一对节点之间加上一条边。其中规定，任意两个不同的节点之间至多只能加一条边，并且每个节点不能有边与自身相连。

① Newman M E J, Watts D J. Renormalization group analysis of the small–world network model [J]. Physics Letters A, 1999, 263（4–6）：341–346.

2.3.4 无标度网络

在真实生活中，我们常常观察到这样的现象，打算在外卖软件购餐的用户，会倾向于选择已购用户较多的商家下单；已经拥有较多财富的个人，更容易在投资中把握机会获得更多财富。这些离散事件，如同我们在数理统计中研究的很多现象一样，当样本数量足够庞大，可以拟合出一种连续的概率分布：幂律。而我们在本节中描述的无标度网络，就是围绕着幂律展开的一种观察和建模方法。

无标度网络是指网络中存在着少数超级节点，它们连接着大量的普通节点。这种网络结构不仅在度分布上呈现出幂律分布特征，而且在结构上呈现出高度离散性和不均匀性。无标度网络的存在可以解释很多现实世界复杂系统中的现象，如疾病传播、互联网中网页连接、社交网络中的大V用户等。

近年来，大量的实证研究表明，许多大规模真实网络（如WWW、Internet，以及新陈代谢网络等）的度分布函数都是呈幂律分布的形式：$p(k) \propto k$。在这样的网络中，大部分节点的度都很小，但也有一小部分节点具有很大的度，没有一个特征标度。由于这类网络的节点的连接度并没有明显的特征标度，故称为"无标度网络"。为了解释实际网络中幂律分布产生的机理，Barabási和Albert在1999年提出了一个无标度网络模型[①]，称为BA无标度模型。该模型的构造主要基于现实网络的两个内在机制。

（1）增长机制：大多数真实网络是一个开放系统，随着时间的推移，网络规模将不断增大，即网络中的节点数和连边数是不断增加的。

（2）择优连接：新增加的节点更倾向于与那些具有较高连接度的节点相连，也就是富人更富的观点（rich get richer）。

对应着这两个机制，BA无标度网络模型的构造算法如下。

---

① Barabasi A L, Albert R, Jeong H. Mean-field theory for scale-free random networks［J］. Physical review A, 1999, 272（1）：173-187.

（1）增长：在初始时刻，假定网络中已有 m 个节点，在以后的每一个时间步长中增加一个连接度为 m 的节点，新增节点与网络中已经存在的 m 个不同的节点相连，且不存在重复连接。

（2）优先连接：在选择新节点的连接点时，一个新节点与一个已经存在的节点 i 相连的概率 Π 与节点 i 的度 k 呈正比；经过 t 步后，这种算法能够产生一个含有 $N = m + t$ 个节点、mt 条边的网络。

2.3.5　具有自相似结构的复杂网络

在真实的自然界或者社会中，网络的增长犹如万物的秩序，往往遵循着某种规律。前文中的无标度网络就是一种典型的增长机制，而另一种常见的机制就是分形。这两种机制都在某种程度上为网络的自相似建立了基础。

我们将在第6章对分形和广义的自相似进行详细的描述。在此，我们仅简单陈述分形作为独立学科的起源与定义。

1967年，美籍法国数学家Mandelbrot，在国际权威的美国《科学》杂志上发表了论文"英国的海岸线有多长？统计自相似性与分数维数"[①]，被认为是当代分形科学的开端。他认为，英国的海岸线长度是不确定的，依赖于测量时所用的尺度（听上去也是一种"无标度"）。当你用一把固定长度的直尺（没有刻度）来测量时，对海岸线上两点间的小于尺子尺寸的曲线，只能用直线来近似，因此测得的长度是不精确的。如果你用更小的尺子来刻画这些细小之处，就会发现，这些细小之处同样也是无数的曲线近似而成的。随着你不停地缩短你的尺子，你发现的细小曲线就越多，你测得的曲线长度也越大。如果尺子小到无限，测得的长度也是无限。得到的结论是，海岸线的长度是多少，取决于尺子的长短。其实任何海岸

---

① Mandelbrot B. How long is the coast of Britain? Statistical self-similarity and fractional dimension［J］. science, 1967, 156（3775）：636–638.

线的长度在某个意义下皆为无限长。由此，Mandelbrot和同时期的若干科学家得到了一系列关于分形的定义和性质，我们简单总结为以下5点。

（1）从整体上看，分形几何图形是处处不规则的，它的整体与局部都不能用传统的几何语言来描述。

（2）分形集都具有任意小尺度下的比例细节，或者说它具有精细的结构。

（3）在不同尺度上，图形的规则性又是相同的。上述的海岸线和山川形状，从近距离观察，其局部形状又和整体形态相似。它们从整体到局部都是自相似的，当然，这种自相似可能是近似的自相似或者统计的自相似。

（4）分形集具有维数非整数性，分形集的"分形维数"严格大于它相应的拓扑维数。

（5）分形集的生成具有迭代性。

当以上的描述出现在网络的生成机制中时，就会出现分形网络。实际上，大家并不陌生的WWW网络就是一个人类社会中的分形网络。而我们在本书中，将研究基于分形和各类其他自相似机制的复杂网络，并以此为基础，展开对于超大型网络的解析方法研究。

2.4　复杂网络的动力学方法

基于微分方程的动力学方法是系统科学中的常用理论方法。以同步现象为例，自17世纪，科学家陆续从不同的物理现象中发现了振子之间的协同作用后，在后续的数百年间，科研界发展出了一套到目前为止仍然被公认和广泛使用的系统表达与计算方法。同步过程一般可描述为以下方程：

$$\frac{\partial(x_i)}{\partial t} = f(x_i) + g_i(x_1, x_2, \cdots, x_N), i = 1, 2, \cdots, N \qquad (2.15)$$

式中，$f(x_i)$为系统中第i个振子的自频率，而$g_i(x_1, x_2, \cdots, x_N)$为其他振子

对它的状态造成的影响。当下列极限达成，系统实现同步：

$$\lim_{(t \to \infty)} \left\| x_i(t) - s(t) \right\| = 0, i = 1, 2, \cdots, N \tag{2.16}$$

经典的动力学理论认为振子在平均场中发生相互作用，当我们将这一理论引入网络动力学后，则需要考虑网络上的连边，即节点之间只能通过连边发生相互影响。我们将（2.15）拓展为下式：

$$\frac{\partial(x_i)}{\partial t} = f\left[x_i(t), t \right] + \sum_{j=1, j \neq i}^{N} g_{ij} H\left[\left(x_j(t) - x_i(t) \right) \right], i = 1, 2, \cdots, N \tag{2.17}$$

式中，g_{ij} 为网络上节点 i 和节点 j 之间的连边，以及边权信息。由此推断出网络系统状态的解为

$$\frac{\partial(x_i)}{\partial t} = f\left(s(t), t \right) \tag{2.18}$$

式中，$s(t)$ 可以是一种周期性的轨迹或某种平衡点。

网络科学的研究目的往往在于，通过对节点的控制，使网络系统达到预期的状态。当网络体量极大的时候，逐个去操控节点是一个不合理的任务。我们可以利用前文中的微分方程体系，通过控制少量"牵引节点"，从而影响整个网络状态。其中，"牵引节点"的状态可以描述为

$$\frac{\partial(x_i)}{\partial t} = f\left[x_i(t), t \right] + \sum_{j=1}^{N} g_{ij} H x_j(t) + v_i\left[x_1(t), x_2(t), \cdots, x_N(t) \right], i = 1, 2, \cdots, N \tag{2.19}$$

此处，我们设置一个偏差函数：

$$e_i(t) = x_i(t) - s(t), 1 \leq i \leq N \tag{2.20}$$

则整个网络上的偏差函数可以表达为

$$\frac{\partial(e_i)}{\partial t} = f(x_i, t) - f(s, t) + \sum_{j=1}^{N} g_{ij} H e_j + v_i(x_1, x_2, \cdots, x_N), 1 \leq i \leq N \tag{2.21}$$

而网络同步可以通过以下的极限表达：

$$\lim_{t \to \infty} \left\| e_i(t) \right\|_2 = 0, 1 \leq i \leq N \tag{2.22}$$

对这一个微分方程体系感兴趣的读者，可以在第3章的3.2.2小节中，通过阅读我们对于经典的李雅普诺夫方法体系（其中最经典的理论就是Master Stability Function）的阐述，了解如何用微分方程组去描述各类动力学系统内，振子/节点是如何通过相互影响导致系统整体状态的变化。

2.5　总结

网络科学，尤其是复杂网络领域，相较之经典的数学和物理学科，是一门较新的应用科学。复杂网络，作为一种特殊的网络，来源于对自然和社会中集群现象的观察。它符合图论对于一般网络的描述和推理机制，但经典的图论并不能完全地解释复杂性的涌现。在过去的几十年间，来自凝聚态物理、应用数学、社会学等不同领域的学者试图将网络研究尤其是复杂网络研究发展成为独立的方法论体系。我们在本章中为大家列举了常用的数学工具，为后续的方法体系建设做好理论上的准备。

第3章　网络同步与稳定性

　　1673年，物理学家惠更斯发现：并排挂在墙上的两个钟摆不管从什么不同的初始位置出发，经过一段时间以后会出现同步摆动的现象[①]。1680年，荷兰旅行家肯普弗观察到：停在同一棵树上的萤火虫同时闪光又同时不闪光[②]。这两个例子表现的就是现实世界中的同步现象。

　　在当代科学的多个领域中，同步已经成为重要的观察结论和建模基础。例如，在生物医学中发现，无数的心脏细胞同步震荡着，这种同步导致了心脏瓣膜的收缩和舒张[③]。同步在激光系统、超导材料和通信系统等领域中亦起着重要的作用。

　　有些同步具有危害性。2000年，伦敦千年桥落成，当成千上万的人们开始通过大桥时，共振使大桥开始振动。桥体的S形振动所引起的偏差甚

---

　　① Huang S H. Supervised feature selection: A tutorial [J]. Artificial intelligence research, 2015, 4（2）: 22.

　　② Sarfati R, Hayes J C, Peleg O. Self-organization in natural swarms of Photinus carolinus synchronous fireflies [J]. Science Advances, 2021, 7（28）: eabg9259.

　　③ Wang L I, Yu P, Zhou B, et al. Single-cell reconstruction of the adult human heart during heart failure and recovery reveals the cellular landscape underlying cardiac function [J]. Nature cell biology, 2020, 22（1）: 108-119.

至达到了20cm，使得大桥不得不临时关闭。[①]

为了将同步这一现象纳入可解析和可泛化的数理体系，从19世纪开始，物理学界和数学界就从耦合动力学的角度对同步现象展开了研究。

20世纪，相关研究大多数集中在具有规则拓扑形状的网络结构上，如耦合映像格子（全耦合或最近邻耦合等）和细胞神经网络等。科研界逐渐认识到，网络的拓扑结构在决定网络动态特征方面起到很重要的作用。因此，网络节点的非线性动力学所产生的复杂行为，成为复杂性科学的一部分。

近年来，非线性、连接性，以及复杂性问题的研究，已取得了重要的进展。如何把复杂网络理论、动力系统理论和现代控制理论三者密切结合，深入地研究复杂动力网络的动力学特性、同步与控制成为数理学界的重要课题。

当前，研究的瓶颈在于：对于网络的统计物理参数表达和网络上的动力学研究，各自具备完备的数学体系，但两者缺乏桥梁产生共通。经典研究只观察到在某些特定的网络结构下的网络动力学，如同步现象的速度与稳定性等，但无法给出解析式的解释，因而难以将结论泛化，或对应用领域给出明确的建议。

本书旨在寻找网络结构参数与网络对应矩阵的谱之间的定量关系，并进一步研究谱在动力学演化过程中的促进和遏制机理，从而建立一套完整的解析体系，研究网络结构对同步的影响，包括同步的可能性、同步的速度、同步的稳定性等。

3.1　本书中的网络构造

在本节中，我们将构建5种典型的复杂网络，并在这5个网络上模拟节

---

① Dallard P, Fitzpatrick T, Flint A, et al. London Millennium Bridge: pedestrian-induced lateral vibration ［J］. Journal of bridge Engineering, 2001, 6（6）: 412–417.

点同步的过程，通过较小型的网络引例，令其他领域的读者们可以快速地了解同步的定义、同步在网络上的现象，以及网络结构对同步影响的一般解释。在3.2节中，我们还将从图论和动力学的理论角度，论证拉普拉斯矩阵的特征比R决定了网络支持节点同步的能力，以及对抗扰动的能力。我们将证明R越大，网络所需同步时间越短。在3.3节中，我们将使用一些统计特征，如平均路径长度L、簇系数C等表征网络的拓扑特征，并研究网络拓扑与同步这种动力学行为之间的关系。

在我们提及的5种网络中，有一些可以通过参数的渐变相互转化。我们利用这种转化关系，将网络分为两组。在每个组中，网络具有一些共同的统计物理特性，我们将通过调整参数来构建它们。

第一组网络：WS和RG，它们均由本书中提及的规则网络演化而来。

第二组网络：BA、ASSF和DSSF。

3.1.1　常用简写

RG：随机网络。

WS：Watts–Strogatz模型，是一种典型的小世界网络。

SF：无标度网络。

BA：Barabasi–Albert模型，是一种典型的无标度网络。

ASSF：正相关无标度网络。

DSSF：负相关无标度网络。

k：节点度。

L：平均最短路径。

C：簇系数。

R：拉普拉斯矩阵第二特征值与最小特征值的特征比。

t_c：网络同步时间。

N：网络中节点的个数，也称"网络尺寸"。

m：网络中连边的个数。

3.1.2　从随机网络到小世界网络

在本节中，我们将使用一个参数p来表达规则图、小世界网络与随机网络之间的关联。我们将规则图视为这一系列演化的起始点。一个含有N个节点的规则图，往往以环状（图3.1）或规则格子的形式存在。以环状图为例，每个节点分别与其左边和右边的k个邻居直接连接，一般来说，k远小于N。环状图中的每个节点度相等，在网络中的地位也相同。从可视化的角度说，呈现出一种规则的美感。

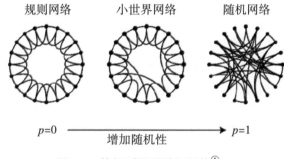

图3.1　从规则图到随机网络[①]

现在，我们将一个随机数$p \in [0,1]$引入我们的研究。选择环状图中任意一个节点，逐次对以它为端点之一的连边展开以下操作：以概率p将该连边断开，并随机选择任意节点作为新的端点重新建立连边。以极端情况来说，当$p=0$，规则的环状图没有任何改变；而当$p=1$，网络将变成一般意义上的随机网络。由此也可看出，这是在给定节点数N和连边数m的情况下，生成随机网络的算法之一。

一般研究认为，在p从0到1变化的过程中，网络会在某个阶段演化为小世界网络。"小世界网络"的"小"指的是较短的平均路径，即网络中的节点可以通过较短的步长找到未曾和它直接相连的其他节点。在3.4.3

---

① Barabasi A L, Albert R, Jeong H. Mean-field theory for scale-free random networks [J]. Physica, 1999, 272（1）：173-187.

中，我们将论证以下结论："小世界"现象是以涌现的形式出现在p的增长过程中的。而这个涌现的阈值为$p \geqslant \dfrac{1}{2mN}$，此时，网络的平均路径将从可测的固定值，快速降为$L \sim \dfrac{\text{Ln}2mpN}{4m^2p}$。

而在规则网络—小世界网络—随机网络这一演化过程中，网络中的度分布也由平均分布，开始向泊松分布演化。我们在这一节，以$N=1\ 000$的规则图开始，令每个节点与左右各2个节点相连，记录下了$p=0.3$时的WS，与$p=1$时的RG的度分布图，如图3.2所示。

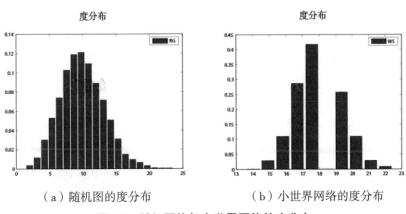

（a）随机图的度分布　　　　　（b）小世界网络的度分布

图3.2　随机网络与小世界网络的度分布

不难看出，在WS中，度的类型较为单一，但已经开始显示出了一种趋势：占有极高度和极低度的节点都是较少的，而中等度节点在网络中数据具有优势。这一情况随着p值的增加，重连次数的增多表现得更为明显。在RG中的度分布可以较为清晰地拟合出泊松分布的形态，我们有理由推测，当网络节点数量$N \to \infty$时，随机网络的度分布趋向于正态分布。

3.1.3　无标度网络与它们的连接属性

在复杂网络的领域里，"小世界""无标度"等概念并不是互斥的分类体系，而是对于网络统计物理属性的描述。比如常见的社交网络，就同时具有"小世界"和"无标度"两种属性。因此，在本节开始之前，有两点值得读者们注意。

（1）一般关于复杂网络的论著，将网络分为以上几种类型分别讨论，是因为暂时缺乏将多种统计物理属性进行整体解析分析的工具，因此对它们分别展开讨论，而不是试图将复杂网络分为绝对的类型。

（2）目前已发现的网络上的统计物理现象，并不能代表网络上所有可能的属性。我们保留这种可能性：在今后的研究中发现了新的现象与属性，研究体系也将随之发生变化。

接下来，我们将研究无标度网络这一家族。现实生活中很多网络都具有特征，在现象上表现为少数节点占有多数度，在网络形成的过程中出现了"富者更富，贫者更贫"的演化机制。从数学角度说，我们一般使用幂律（power-law）来定义无标度，也就是网络中的度分布服从

$p(k)=k^{-\lambda},\lambda\in(2,4)$。度的序列可以通过归一化的 $p(k)\propto\dfrac{k^{-\lambda}}{\sum_{1}^{N}N+k_{min}^{-\lambda}}$ 来计

算。本书中，我们仍然通过一个节点数为1 000的小型网络，来演示其度分布，令 $k_{min}=4$ ，如图3.3所示。

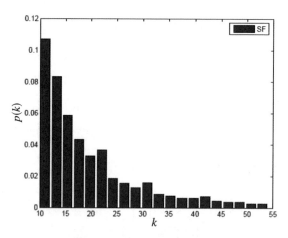

图3.3　幂律下的无标度网络

在无标度网络这一体系中，早期较为经典的BA，可以被认为是其他同类型研究的先驱。在最近10年，随着Newman[①]等人关于"度相关性"这一统计属性的定义，一个新的认知产生了：给定一个无标度网络的度序列 $D=\{d_1,d_2,\cdots,d_N\}$，并不能确定网络的结构。在节点相连的过程中，它们倾向于连接度接近的其他节点，或相反，会影响网络的结构并带来度相关性（DC）数值上的巨大差异。关于DC，我们在第2章中有过介绍，为了阅读的方便，在此处再次指出：

$$r = \frac{m^{-1}\left(\sum_{e_{ij}} k_i k_j\right)^2 - \left[m^{-1}\sum_{e_{ij}}\frac{1}{2}\left(k_i + k_j\right)\right]^2}{m^{-1}\sum_{e_{ij}}\frac{1}{2}\left(k_i^2 + k_j^2\right) - \left[m^{-1}\sum_{e_{ij}}\frac{1}{2}\left(k_i + k_j\right)\right]^2} \tag{3.1}$$

在本书中，我们创建了一种"半边连接法"，使用同一组度序列D来生成3种无标度网络：BA、ASSF、DSSF。

正如3.1.2节中的演化是从规则图开始的，这里，我们将BA作为起始点，记录下一个BA的度序列。如果第i个节点拥有度d_i，那我们假设它拥有d_i个半条边。我们用以下算法来生成一个ASSF。

（1）随机选择4个节点。

（2）将4个节点的度排序（升序或降序皆可）后，令前两个节点各拿出半条边相连，后两个节点同样操作，在它们的度序列相应数字中各减去1。

（3）在度序列相应数字不为0的节点中，重复操作（1）和（2）直到所有的"半边"连接完成。

（4）在这一过程中，我们可以使用式（3.1）来观察DC的数值情况：此时，分子的第一项和分母的第一项趋同，而r值远离0向1靠近。

我们可以用类似的方法生成DSSF网络，只需要在上文中的步骤（2）里，将度排序后的4个节点，令首尾节点相连，中间节点相连，实现差异

---

① Newman M E. Assortative mixing in networks ［J］. Physical review letters, 2002, 89: 208701.

化连接即可。以上两类连接方法可以用图3.4简单表达。

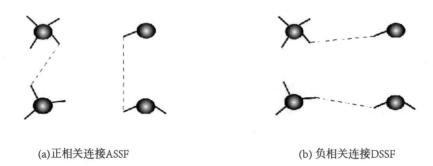

(a)正相关连接ASSF   (b) 负相关连接DSSF

图3.4 ASSF与DSSF的连接机理

对于大多数真实网络而言，DC值在−0.3到0.3之间。例如，Internet为−0.189，演员合作网，为0.208，而随机图一般趋近于0。这就说明，在真实生活中，绝对的"同类相近"或"同性相斥"都不存在。但一定程度上的倾向性，已经可以导致网络上的动力演化成截然不同的后果，我们将在后文进行讨论。

3.2 同步与网络同步

在自然界与社会中，存在着各种各样以不同个体组成的系统，通过协同运作，形成某种集体行为。在动力学中，我们称之为群体动力学。例如，大桥在人群共同的作用下发生震荡，此处群体的力量远大于个体力量相加的总和，该类现象也成为理论物理界、数学界、生物学界、社会学界等领域研究的热点。从另一个角度说，这种效果难以预测的群体行为，可以将系统定义为复杂系统。理论界对复杂系统的定义为，由多个个体通过一定的相互作用和向外作用构成，基于一定演化机理，涌现出非线性现象的系统。例如，本书的主题——复杂网络，就是复杂系统的一种。

在各类复杂系统动力学中，同步现象是理论界的主流研究之一。对于具有大量耦合振子的系统来说，振子相互之间产生的作用与外力对整体产生的作用，共同组成了振子演化的机理。在一定诱因下，振子逐渐同频，即为同步。那么，以下的问题引起了不同领域学者们的讨论。

（1）什么样的诱因，能够让系统同步？

（2）同步的稳定性，受到什么因素的影响？

（3）同步对于群体动力学，将产生什么样的作用？

以上等等。

在本书中，我们利用微分方程同时表达网络结构与动力学，并观察网络上的同步现象，给出解释和分析。

3.2.1　关于同步的介绍

从几百年前开始，生物学界就试图通过"生物节律"来描述自然界里的幅度、周期和相位。例如，树木总在每年的同一周期落叶，萤火虫在夏夜里同步发出荧光等。复杂系统凡是以涌现形式出现的群体行为，内部都有基于个体的吸引协同机制。因此，研究"同步"，对我们认知自然和社会有着重要的意义。

但在目前数理界的同步研究，并非以生物现象作为观察的起点。1673年，荷兰科学家Huygens发现[①]，两个相邻的钟摆会保持反相摆动（同步），他认为钟摆有可能是通过共同悬挂的横梁发生耦合作用，从而实现能量传递。这一发现，被认为是现代物理学中，同步理论化的起始点。

在后续几百年中，物理中的同步现象被陆续发现。例如，20世纪初，英国物理学家Rayleigh发现了声学中的同步[②]。但相比较观察和发现，同步理论的发展滞后了很多。其中一个原因是对于耗散系统中振子的简化描

---

①　Huang S H. Supervised feature selection：A tutorial ［J］. Artificial intelligence research，2015，4（2）：22.

②　Zhang Y L，Luo M K. Fractional Rayleigh‐Duffing‐like system and its synchronization ［J］. Nonlinear Dynamics，2012，70：1173‐1183.

述，直到极限环理论的发现才有了突破。较早的模型来自1967年，美国理论生物学家Winfree提出的耦合相振子模型[①]，以此刻画不同物理背景下的振荡体系的同步行为。

1975年，日本物理学家Kuramoto提出了平均场耦合相振子模型[②]，用统计物理学和自洽方程方法求解，解释了大量振子通过相互作用克服自然频率实现同步的过程。在模型中，Kuramoto做了以下假设：①振子数目 $N \rightarrow \infty$；②每个振子都与其他振子有相互作用，且形式相同；③在研究中引入平均场理论，即认为振子之间相互作用是平权的；④假设相互作用函数是相位差的周期函数；⑤振子具有自然频率 w_i，且 $w_i \neq w_j$。基于以上的简化思想，系统运动方程可写成：

$$\frac{\mathrm{d}\theta_i}{\mathrm{d}t} = w_i + \frac{K}{N}\sum_{j=1}^{N}\sin\left(\theta_j - \theta_i\right) \tag{3.2}$$

后世称之为Kuramoto模型。

在本书稍后3.2节部分的动力学微分方程组中，也借鉴了利用平均场思想去表达节点相互作用的思想，为可解析的理论体系建立了基础。

除去统计物理学界常用的数学模型之外，来源于自然和社会的同步现象观察，具有丰富的类型，如恒等同步、相变同步、广义同步、延迟同步等。

我们将列举一二，令读者熟悉同步从现象到数学描述的过程。

例一：恒等同步。

令系统中的振子或网络上的节点，在 t 时刻的状态为 $x_i(t), i = 1, 2, \cdots, N$，其演化过程为

---

① Pazó D, Montbrió E, Gallego R. The winfree model with heterogeneous phase-response curves: analytical results [J]. Journal of Physics A: Mathematical and Theoretical, 2019, 52 （15）: 154001.

② Kuramoto Y. Self-entrainment of a population of coupled non-linear oscillators [J]. Lecture Notes in Physics, 1975, 39: 420-422.

$$\partial\left(x_i\right)/\partial t = f\left(x_i\right) + g_i\left(x_1, x_2, \cdots, x_N\right), i = 1, 2, \cdots, N \qquad (3.3)$$

式中，$f\left(x_i\right)$ 是振子或节点 i 的自驱函数，而 $g_i\left(x_1, x_2, \cdots, x_N\right)$ 为各节点之间的交互作用，两者都是连续且可微的。

如果存在一个解 $s\left(t\right)$，令

$$\lim_{t \to \infty}\left\|x_i\left(t\right) - s\left(t\right)\right\| = 0, i = 1, 2, \cdots, N \qquad (3.4)$$

则称系统可以进入恒等同步，此时，$x_1 = x_2 = \cdots = x_N$。

例二：相变同步。

不同于恒等同步中对于振子状态相同的绝对要求，相变同步强调若干类型振子按一定规律进行演化。例如，振子 x_1 和 x_2 的相按比例 $m:n$ 进行演化，并稳定在 $\left|mx_1 - nx_2\right| \le \varepsilon$，如果 ε 是正的极小值，则称系统进入相变同步。

在生物界相变同步的例子有很多，如大草原上的兔子和狼就是按照一定比例在繁衍种群，任何一方数量过多或过少，则双方都将无法生存。

同步作为一种群体动力现象，能产生远大于简单叠加的能量。而这种能量对于自然和社会的作用并非单纯有利或有弊。它有时候可以促进社会的发展和自然的和谐，例如电机的同步能提高传电效率，生物种群数量的同步能保护个体。而有时候，它的破坏性也是巨大的，例如本章开头提到的桥体摇摆，以及大脑神经元的同步有可能诱发的癫痫等疾病。认知同步、解析同步、控制同步，仍是我们在统计物理学、数学、系统科学中的重要任务之一。

3.2.2 谱分析与李雅普诺夫方法

对网络上的动力学进行描述之前，我们希望找到一种数学工具描述网络结构，并构建结构与动力学之间的量化关系。此时，我们借助图论中对图的刻画——矩阵与谱，并基于此找到动力学分析中的对应变量，从而穿针引线般地建立结构到动力学之间的关系。

在近年的网络谱分析中，比较常用的除了邻接矩阵之外，还有拉普拉斯矩阵与其特征值谱。对于无权的简单图来说，邻接矩阵A定义为

$$A_{ij} = \begin{cases} 0, & i = j; \\ 0, i \neq j, i \text{与} j \text{之间无连边}; \\ 1, i \neq j, i \text{与} j \text{之间有连边}. \end{cases} \quad (3.5)$$

相应地，拉普拉斯矩阵定义为

$$L_{ij} = \begin{cases} A_{ij}, i \neq j; \\ -\sum_{j=1, j \neq i}^{N} A_{ij}, i = j. \end{cases} \quad (3.6)$$

对于拉普拉斯矩阵的特征谱，有以下严格证明。

（1）拉普拉斯矩阵是实对称矩阵，所有特征值均为实数。

（2）拉普拉斯矩阵的特征值可以表达为$0 = \lambda_1 \leqslant \lambda_2 \leqslant \cdots \leqslant g$，式中$g$是网络上最大度的两倍。

（3）第二特征值λ_2常用来表达网络的连通性能，我们将在3.4.2中做详细阐述。

对于无权网络，第二特征值λ_2和李雅普诺夫方法中的第一指数相同，我们在此处介绍基于李雅普诺夫方法的控制稳定方程，以便后文展开讲解二者的关联。

1997年，学者Pecora等[①]，提出了控制稳定方程（master stability function，MSF），为复杂系统中振子的同步过程提供了一套可解析的模型，也为后续对复杂网络上同步的研究提供了理论框架。该方法基于以下假设。

（1）系统（网络）中所有振子（节点）是无差别的。

（2）每个振子（节点）对其他各振子（节点）的力是无差别的。

---

① Pecora L M, Carroll T L, Johnson G A, et al. Fundamentals of synchronization in chaotic systems, concepts, and applications [J]. Chaos, 1997, 7（4）：520–543.

（3）振子（节点）在二维系统中互动，便于使用方程表达同步过程。

以下，我们将简单描述MSF在网络动力学上的应用。在一个含有 N 个节点的网络中，第 i 个节点的状态变量为一个 m –维的向量 x_i，其演化方程如下：

$$\dot{x}_i = F(x_i) + \sigma \sum_j G_{ij} H(x_j) \tag{3.7}$$

式中，$F(x_i)$ 为其自驱演化函数；G_{ij} 为节点 i 和 j 之间的连接情况；$H(x_j)$ 是 j 对其他节点的耦合函数；而 σ 为耦合系数，控制系统内其他节点对 i 的影响程度。以上表达式的矩阵形式为

$$\dot{x} = F(x) + \sigma G \otimes H \tag{3.8}$$

式中，$\otimes$ 为直积。

如果我们将第 i 个节点的状态变量写为 ξ_i，则所有节点的状态变量集合可写为 $\xi = \xi_1, \xi_2, \ldots, \xi_N$。则演化方程为

$$\dot{\xi} = [1_N \otimes DF + \sigma G \otimes DH]\xi \tag{3.9}$$

式中，DF 和 DH 分别为 F 和 H 的雅可比矩阵。

将式（3.9）展开为方程组，我们不难发现，第一项为 N 个 $m \times m$ 矩阵，而第二项可通过对角化 G 获得。则式（3.9）中的第 k 个方程可表达为

$$\dot{\xi}_k = [DF + \sigma \gamma_k DH]\xi_k \tag{3.10}$$

式中，γ_k 是 G 的特征值集合中，第 k 组 m 个特征值的对角化矩阵。

由此，我们可以利用式（3.11）计算系统中最大的李雅普诺夫指数 $\wedge_{\max}$：

$$\dot{\zeta}_k = [DF + (\alpha + \mathrm{i}\beta)DH]\zeta_k \tag{3.11}$$

以上为MSF的使用方法。如果 DF 和 DH 的特征谱都是稳定的，则系统的同步状态在当前的耦合系数下也是稳定的。如果李雅普诺夫指数 $\wedge_{\max}$ 为负，则系统必然收敛于某个稳态；相反，如果 $\wedge_{\max}$ 为正，则耦合力太

强，节点无法实现同步，或同步在扰动下不稳定。

对于线性系统而言，李雅普诺夫指数和拉普拉斯矩阵特征谱的计算过程一致，$\wedge_{max}$ 对应拉普拉斯第二特征值。由此，我们从理论上将图论和动力学联系在一起，共同分析在3.3节中建立的动力学微分方程。

3.3 基于微分方程的网络线性动力学模型

本节中，我们带来一种基于微分方程的网络同步过程。网络上的节点即为系统动力学中的振子，耦合只发生在相互连通的节点之间。本节我们将话题集中在线性动力下的网络演化过程，而在3.4中，我们将研究非线性动力下网络的同步可能性和同步稳定性。

3.3.1 网络动力学的微分方程刻画体系

我们将使用一种简单的方法，描述网络上两个相互连通的节点如何相互影响对方，并试图达成同步。在初始状态下，节点1和2各自状态为 X_1 和 X_2，1对2的影响力（耦合系数）为 μ_{21}，2对1为 μ_{12}。X_1 和 X_2 的演化过程如下：

$$\dot{X}_1 = \mu_{12}(X_2 - X_1) \tag{3.12}$$

$$\dot{X}_2 = \mu_{21}(X_1 - X_2) \tag{3.13}$$

我们定义 X_1 和 X_2 之间的差值为 u：

$$u = X_2 - X_1 \tag{3.14}$$

则 u 的演化过程为

$$\dot{u} = -(\mu_{12} - \mu_{21})u \tag{3.15}$$

当我们得知 u 是时间 t 的函数，可解得

$$u = Ae^{-(\mu_{12} + \mu_{21})t} \tag{3.16}$$

基于以上认知，我们将为3.3.2节中的线性动力模型和3.5.1节中的非线性动力模型做出以下定义：

$$X_1(0) = X_{10} \tag{3.17}$$

式中，$X_1(0)$ 中的0表示初始状态。类似地可知

$$X_2(0) = X_{20} \tag{3.18}$$

差值为

$$A = X_{20} - X_{10} \tag{3.19}$$

代入式（3.12），可知

$$\dot{X}_1 = \mu_{12}(X_{20} - X_{10})e^{-(\mu_{12}+\mu_{21})t} \tag{3.20}$$

通过积分，我们可知

$$X_1 = -\frac{\mu_{12}(X_{20} - X_{10})}{\mu_{12} + \mu_{21}}e^{-(\mu_{12}+\mu_{21})t} + C_1 \tag{3.21}$$

在已知初值的情况下，我们可知 X_1 的解为

$$X_1 = X_{10} + \frac{\mu_{12}(X_{20} - X_{10})}{\mu_{12} + \mu_{21}}\left(1 - e^{-(\mu_{12}+\mu_{21})t}\right) \tag{3.22}$$

类似地，可知 X_2 的解为

$$X_2 = X_{20} + \frac{\mu_{21}(X_{10} - X_{20})}{\mu_{12} + \mu_{21}}\left(1 - e^{-(\mu_{12}+\mu_{21})t}\right) \tag{3.23}$$

随着 $t \to \infty$，X_1 和 X_2 将收敛于 $\dfrac{\mu_{21}X_{10} + \mu_{12}X_{20}}{\mu_{12} + \mu_{21}}$。至此，我们形成了一个简单的微分方程体系，用来描述网络上两个节点间的同步过程。可知，同步是必然的，同步的状态也可由微分方程推测。

接下来，我们来考虑一个N个节点的网络，真实世界的网络往往并非全连通。因此，我们要将连通情况和耦合情况都容纳到模型中。在式（3.24）的方程组中，a_{ij} 指连通情况，如果节点 i 和节点 j 之间存在连边，则 $a_{ij} = 1$，否则为0；b_{ij} 指节点 j 对节点 i 的影响力。

$$
\begin{cases}
\dot{X}_1 = b_{12}a_{12}\left(X_2 - X_1\right) + b_{13}a_{13}\left(X_3 - X_1\right) + \cdots + b_{1N}a_{1N}\left(X_N - X_1\right) \\
\cdots \\
\dot{X}_N = b_{N1}a_{N1}\left(X_1 - X_N\right) + b_{N2}a_{N2}\left(X_2 - X_N\right) + \cdots + b_{NN-1}a_{N-1N}\left(X_{N-1} - X_N\right)
\end{cases}
$$

$$（3.24）$$

如果所有的 $b_{ij} \geq 0$，我们完全可以预测，网络上所有节点终将达成同步，而同步态 $X_1 = X_2 = \cdots = X_N = s(t)$ 亦可通过对方程的求解获得。由此，我们初步构建了网络上同步研究的微分方程模型。

3.3.2 线性动力与同步过程

基于3.3.1节中的微分方程组，我们将网络上节点之间相互影响并逐渐达成同步的过程，描述成关于时间 t 的方程组：

$$
\frac{\mathrm{d}x_i}{\mathrm{d}t} = \sum_{j=1}^{N} b_j a_{ij}\left(x_j - x_i\right), i = 1, 2, \cdots, N \qquad （3.25）
$$

为了令模型表达更为简练，我们令 b_j 为节点 j 对任意其他节点的影响力。在任意 $b_j \geq 0$ 的情况下，节点必然同步；而同步速度则与网络的结构有着密切的关系。在接下来的研究中，我们将要解决以下几个问题。

（1）如何量化表征网络的结构？

（2）如何描述网络的同步速度？

（3）如何量化地关联二者之间的关系？

这些问题将在本节和下一节中得到解答，而我们解答所需的重要工具是网络的拉普拉斯矩阵，以及它的特征谱。我们将式（3.25）中的模型用矩阵形式表达，可得

$$
\frac{\mathrm{d}X}{\mathrm{d}t} = MX \qquad （3.26）
$$

构成这一方程组的系数矩阵 M 定义为

$$
M = BA - \mathrm{Diag}\left(BA\mathbf{1}\right) \qquad （3.27）
$$

式中，$B = \mathrm{Diag}(b)$，而 $\mathbf{1}$ 为全1的向量。不难发现，此处的矩阵 $M = -L$，正是我们在式（3.6）中定义的常规拉普拉斯矩阵的负数形式。M 的使用

保证了方程组的美观和简洁，与此同时，相应的拉普拉斯特征谱从数值上变为 $\lambda_i \leqslant 0$，仍然保留了对系统的预测能力。

系统的同步状态为

$$\lim_{t \to \infty} \left| x_i(t) - x_s \right| = 0 \tag{3.28}$$

式中，$x_i(t)$ 为节点 i 的状态，而 x_s 为同步态。

从以上推理中我们可以看出，在节点间影响力皆为非负的情况下，系统终将达成同步。我们使用标准差 σ 来表达网络上节点的状态：

$$\sigma = \sqrt{\sum_{i=1}^{N} \left(x_i - \bar{X} \right)^2} \tag{3.29}$$

式中，$\bar{X}$ 为所有 x_i 的平均值。随着 $t \to \infty$，如果 $\sigma = 0$，则网络上的节点达成恒等同步。（我们在3.2.1节中介绍过这一概念。）

在一个 N 个节点的网络上，给定节点初始状态：$X^0 = \left(x_1^0, x_2^0, \cdots, x_N^0 \right)$。在上一节中，我们已经论证，最终的同步态并不受网络结构的影响，皆为 X^0 的平均值。此处，我们引入拉普拉斯矩阵，观察网络的演化过程，并从拉普拉斯谱的角度论证这一结论。由式（3.26）我们可知 X 的演化过程：

$$X = \mathrm{e}^{Mt} X^0 = P \mathrm{e}^{\wedge t} P^{-1} X^0 \tag{3.30}$$

式中，$\wedge = \mathrm{diag}\left(\lambda_1, \lambda_2, \cdots, \lambda_N \right)$，为拉普拉斯矩阵 M 的特征值对角阵；而 P 为对应的特征向量排列矩阵。我们对 M 有以下认知。

（1）由于 M 中行和为0，它的特征值中至少有一个0特征值。

（2）由于 M 是对称矩阵，可知 P 中的列向量相互正交，且对应于0特征值的特征向量可表达为 $\left(\dfrac{1}{\sqrt{N}}, \dfrac{1}{\sqrt{N}}, \cdots, \dfrac{1}{\sqrt{N}} \right)^{\mathrm{T}}$。

在任何时刻 t，我们都可以得到：

$$P \mathrm{e}^{\wedge t} P^{\mathrm{T}} 1 = P \mathrm{e}^{\wedge t} \left(0, 0, \cdots, 0, \cdots, 0, 1 \right)^{\mathrm{T}} = P \left(0, 0, \cdots, 0, \cdots, 0, 1 \right)^{\mathrm{T}} = 1 \tag{3.31}$$

又由于我们对于对称实矩阵的认知，可得 $P^{-1} = P^{\mathrm{T}}$，从而推出：

$$N\overline{X} = \boldsymbol{X}^{\mathrm{T}}1 = \left(\boldsymbol{P}^{-1}\boldsymbol{X}^0\right)^{\mathrm{T}} \mathrm{e}^{\wedge t}\boldsymbol{P}^T 1 = \left(\boldsymbol{X}^0\right)^{\mathrm{T}}1 = N\overline{\boldsymbol{X}^0} \qquad (3.32)$$

我们使用Matlab中的ODE45展示了这个过程。我们生成了一个含有1 000个节点的随机网络，令节点的初始状态为 $x_i \in [0,1]$ 的随机数。随着时间演化，节点的状态在非严格为0的数值上实现了同步，如图3.5所示。

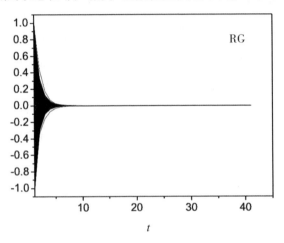

图3.5 RG上节点同步态的实现过程

在一个基于微分方程的连续系统中，时间的概念没有明确的刻度。但不同网络上的同步速度的确存在差异。我们利用Matlab生成了5个节点均为1 000的常见复杂网络，并计算了标准差 σ 随时间变化的过程，我们能从图3.6中看到不同网络结构对同步的支持能力是不一样的。

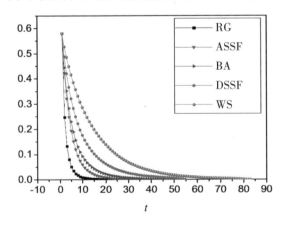

图3.6 各网络上 σ 值下降过程

下一节，我们将阐述拉普拉斯特征谱的统计物理意义，以及它如何预测网络结构对于同步的预测能力。

3.3.3　同步过程的谱体现

拉普拉斯谱是我们研究网络同步的重要工具，是网络拓扑结构和网络动力学之间的桥梁。我们将拉普拉斯矩阵作为系数矩阵纳入动力学方程中，用拉普拉斯特征谱表征网络同步的速度和稳定性，再建立特征谱和网络统计属性的定量关系，从而形成完整的研究体系。

本书将研究集中在连通网络中，即网络上没有孤立的点或社团。由式（3.6）的定义可知，连通网络的拉普拉斯谱中，有且只有一个0特征值。而如果网络上每多出一个孤立点或社团，特征谱中就会多一个0值。这一现象将在第5章中，成为社团挖掘的理论依据。而在本章中，我们并不展开讨论。

关于网络上同步的研究，常用以下两种特征谱来表征网络对于同步的支持能力，这一能力不仅决定了同步的速度，也决定了同步的稳定性。其中一种，被称为"特征比"（Eigenratio，R），$R = \dfrac{\lambda_{ac}}{\lambda_N}$。在特征谱中，$\lambda_N$ 表示网络中最快靠近同步态的节点所需的时间，而 λ_{ac} 表达的是最慢的过程。因此，二者的比值越小，则系统进入全局同步的速度越快。另一种度量方法，则是直接观察 λ_{ac}，符号中的ac表示代数连接值（algebraic connectivity）。下面，我们来进行一组简单的小实验，比较一下式（3.6）定义的标准拉普拉斯矩阵 $\boldsymbol{L}$ 的两个数值在观察网络同步能力和稳定性方面的性能。

仍然使用我们在上一节中生成的1 000个节点随机网络，我们将节点的度进行排序后，分为10等份，在每个等份里选取一个作为"排异者"（outcast），即该节点 i 是全网唯一具有负数影响力 $b_i < 0$ 的节点。我们对每一位outcast，分别做10次实验，每次令 b_i 取值从-1到-10取整数。也就是

说，我们将重复100次实验。

在这一过程中，我们记录下 $_-R$ 和 λ_{ac} 的变化趋势，使用$-R$的原因是为了保持和 λ_{ac} 相同的取值区间。我们在图3.7中展示了实验结果，其中"Degree of outcast"指outcast的度，"Power of outcast"指的是 b_i 值。

由于 λ_{ac} 随着outcast影响力的变化较大，而 λ_N 则变化较小，所以 λ_{ac} 和$-R$的变化趋势，从图3.7中可以看出，几乎是一样的。以 $_-R$ 为例，对于标准的 **L** 来说，如果网络中没有排异者，所有特征值皆为非负；而随着outcast度的增大，它同时可以影响的节点也会增多，在以outcast为中心的区域里会形成局部同步，其同步态和远离outcast的局部同步态并不相同，从而影响了全局同步。随着outcast影响力的增大，可能直接导致网络无法实现同步。

在本书中，我们倾向于使用 **R** 作为同步能力的度量值。一方面，由于它包含了 λ_{ac} 所提供的信息；另一方面，它可以提供从局部同步到全局同步的渐近信息。

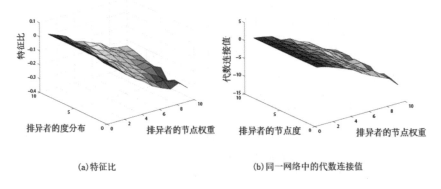

(a) 特征比　　　　　　　　　(b) 同一网络中的代数连接值

图3.7　同一个网络中特征比 R 与代数连接值 λ_{ac} 的比较图

接下来，我们在5个经典网络中测试了相关的数值。首先，我们按照3.1节中提供的算法，生成了5个各自含有1 000个节点的网络，然后分别计算了它们的拉普拉斯特征谱，并展示在了图3.8中。其次，我们使用相同的初始态（含outcast），观察了5个网络上的同步时间。我们曾提到过，对于连续模型来说，时间没有刻度，但在Matlab所提供的ODE45中，我们利用牛顿法标出了相对的步数来取代时间的概念，并将5个网络上的时间进行了比较。

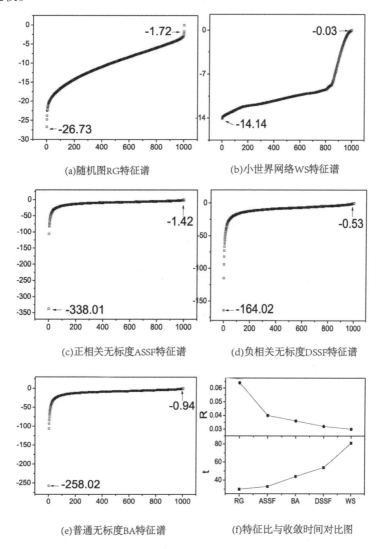

(a)随机图RG特征谱   (b)小世界网络WS特征谱

(c)正相关无标度ASSF特征谱   (d)负相关无标度DSSF特征谱

(e)普通无标度BA特征谱   (f)特征比与收敛时间对比图

图3.8 5种典型网络的特征值

此处我们得到一个和理论一致的结论：较小的R值意味着，网络上最快达成的局部同步和全局同步之间间隔时间较长，则意味着较慢的同步速度。那么接下来，我们的目标就很明确了：我们将利用一些典型的统计物理量来刻画网络，通过研究这些统计值和R值之间的定量关系得到进一步的结论——什么样的网络结构能较好地支持（或者扼制）同步，并且得知如果我们想让同步更快或者更慢，该怎么样对网络上的节点和连边进行调整。相信这些结论，对于需要进行真实世界建模和数据分析的读者们，会有所帮助。

3.4 从谱分析到统计物理属性

在上一节，我们探讨了拉普拉斯特征谱与同步时间之间的关系，但仅从模拟中难以总结出具体网络特性对于同步的支持能力。一个重要的原因就是目前为止，我们仍然没有一套完备的描述方法可以量化地表述网络的结构特征。基于现有的认知，我们能做的，是将体现出"复杂性"的一些常用统计属性逐一与特征谱进行解析研究，从而建立起"网络结构特征—网络特征谱—网络动力学"的关联。以下，我们将主要讨论几种常用的统计属性：平均最短路径、簇系数、度相关性。

3.4.1 平均最短路径

平均最短路径长度（L）的概念源于图论中"距离"的概念[①]。图中两个顶点之间的距离指的是连接它们的最短路径中的边数。后来它被引入在复杂网络理论中，用来定义所有可能的网络节点对的最短路径[②]。平均最短路径的长度是网络上传输效率的重要度量。现实中一些例子如下，从一个网页找到另一个网页所需的平均点击次数，是以网页为节点的大型互联网上的平均最短路径。著名的"六度分离理论"也是基于L值的讨论，一

---

① Harary F. Graph theory［M］. Middlesex：Addison-Wesley Publishing Company，1969.

② Albert R，Barabasi A L. Statistical mechanics of complex networks［J］. Reviews of modern physics，2001，74（1）：47.

个人如果想要联系一个完全陌生的人，最少需要多少个中间人。在复杂网络领域中，与L相关的几个重要问题仍未解决，包括如何利用解析方法在邻接矩阵上计算L值，以及L值如何影响网络行为。

直接计算N节点网络的L的计算复杂度为$O(N^2)$[1]，这对于大型网络来说工作量是惊人的。在产业界，有些任务需要快速反应，那这样冗长的计算显然也无法满足要求。因此，许多研究人员试图利用网络中特殊结构的复杂性来估计L值：Barahona和Pecora[2]建议将规则图视为一种网络结构演化机制的起点，通过断开连边再重新连接，逐步形成WS和ER随机图。在这个过程中，我们可以有序地调整邻接矩阵和拉普拉斯矩阵，并渐进地了解L值的变化。Gulyas[3]则有另外一种思路，他们从全连通网络中删除连边，直到网络达到设定的密度，在这个过程中渐近地获知L值。Cohen和Havlin[4]发现，随着幂律$P(k) \sim k^{-\gamma}$的指数γ变化，L值会发生可预测的变化。例如，当$2 < \gamma < 3$时，$L \sim \ln N$，和当$\gamma > 3$时，$\dfrac{L \sim \ln N}{\ln \ln N}$。这类研究加深了我们对平均路径的理解。然而，目前并没有一种泛化能力较强的方法可以评估所有类型网络的平均最短路径。因此，对于L值的研究，很难得到泛化而统一的结论。过去的相关研究主要集中在数值方法。一些研究表明，平均路径长度L越短，同步速度越快[5]，而另一些人却给出了相反的例

① Dijkstra E W. A note on two problems in connexion with graphs [J]. Numerische mathematik, 1959, 1: 269–271.

② Barahona M, Pecora L M. Synchronization in small-world systems [J]. Physical review letters, 2002, 89 (5): 054101.

③ Gulyas G, Zhang N. Analysis of average shortest-path length of scale-free network [J]. Ournal of applied mathematics, 2013: 865643.

④ Cohen R, Havlin S. Scale-free networks are ultrasmall [J]. Physical review letters, 2003, 90 (5): 058701.

⑤ Gulyas G, Zhang N. Analysis of average shortest-path length of scale-free network [J]. Ournal of applied mathematics, 2013: 865643.

子和论证[①]。事实上，这两种情况都是有可能发生的。

在这项研究中，我们试图尽量找出一些规律。因此，我们使用3.1节开篇时的分类，将复杂网络分为"规则网络—小世界网络—随机网络"体系和具有不同度相关性的无标度网络体系，分别进行平均最短路径的讨论。

我们将6种网络分为两类，比较了特征比R和平均最短路径L值之间的关系。在随后的证明中，我们发现，图3.9所展示的结果确实很好地证实了我们的理论结果。

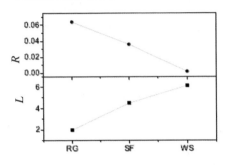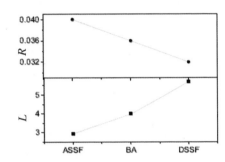

图3.9　特征比R与平均最短路径L的关系图

首先，我们讨论"规则网络—小世界网络—随机网络"体系。这3种网络共享了同一个参数——断边重连概率p，关于这一算法，我们在3.1节的开头有详细的介绍。当$p=0$，规则网络保持原状；在另一个极端情况下，$p=1$，网络变为随机网络。在这一过程中，小世界属性会在$p=0.3$左右涌现。这令我们有充足的理由将它们纳入一个渐近的研究框架，同时观察L值和拉普拉斯谱的变化，并建立二者之间的关联。

我们从规则网络开始，设定节点数为N，令每个节点和左右各k个邻居相连，全网连边总数为Nk。此时网络的拉普拉斯矩阵$\boldsymbol{M}^0$也呈现出一种规则的形态，其中$\boldsymbol{M}_{ii}^0 = 2k$，$\boldsymbol{M}_{ij}^0 = \boldsymbol{M}_{ji}^0 = -1$，矩阵的特征值为

　　① Cohen R，Havlin S. Scale-free networks are ultrasmall［J］. Physical review letters，2003，90（5）：058701.

$$\lambda_l = -2k + 2\sum_{j=1}^{k}\cos\left(\frac{2\pi(l-1)j}{N}\right) \tag{3.33}$$

此时我们关注第二特征值：

$$\lambda_2 = 2k - 2\sum_{j=1}^{k}\cos\left(\frac{2\pi j}{N}\right) \tag{3.34}$$

当 N 足够大的时候：

$$\lambda_2 = 2k - 2\left(\frac{\cos 2\pi}{N} + \frac{\cos 4\pi}{N} + \cdots \frac{\cos 2\pi(k-1)}{N} + \frac{\cos 2\pi k}{N}\right) \tag{3.35}$$

我们使用泰勒展开，可得

$$\lambda_2 = 2k - \left(\sum_{n=0}^{\infty}\frac{(-1)^n}{2n!}\left(\frac{2\pi}{N}\right)^{2n} + \frac{(-1)^n}{2n!}\left(\frac{4\pi}{N}\right)^{2n} + \cdots + \frac{(-1)^n}{2n!}\left(\frac{2\pi k}{N}\right)^{2n}\right) \tag{3.36}$$

进而可得

$$\lambda_2 = 2k - 2\sum_{n=0}^{\infty}\frac{(-1)^n}{2n!}\left(\frac{2\pi}{N}\right)^{2n}\left(1^{2n} + 2^{2n} + \cdots + k^{2n}\right) \tag{3.37}$$

在这里，我们需要做一个近似来简化我们的计算，当 $n=1$ 时，可得

$$\lambda_2 \approx \frac{-4\pi^2}{N^2}\left(1^2 + 2^2 + \cdots + k^2\right) = -\frac{2\pi^2 k(k+1)(2k+1)}{3N^2} \tag{3.38}$$

而这恰是我们在前文中讨论的代数连接值：

$$\lambda_{ac} = \lambda_2 \approx -\frac{2\pi^2 k(k+1)(2k+1)}{3N^2} \tag{3.39}$$

在规则网络逐渐变为小世界和随机网络的过程中，有 Ns 个连接会更换端点；相应地，对每个节点来说，平均最短路径步数为 s。在这个重连过程中，原始的拉普拉斯矩阵 $\boldsymbol{M}^0$ 变为了 $\boldsymbol{M}^r$，其中将有 $N(N-2k-1)$ 个连边被以 $p = \dfrac{2s}{(N-2k-1)}$ 的概率随机放入矩阵中的非对角位置，从而得出新的 λ_{ac} 为

$$\lambda_{ac} = \lambda_{ac}^{(0)} = \varepsilon\lambda_{ac}^{(1)} \tag{3.40}$$

且知

$$\varepsilon \lambda_{ac}^{(1)} \approx -2s \qquad (3.41)$$

很明显，s 的数值越大，代数连接值越小，特征比越大。我们将"断边"和"重连"对 λ_{ac} 数值的改变分别描述，可以得到一个新的过程：

$$\lambda_{ac} = \lambda_{ac}^{(0)} = \varepsilon_1 \lambda_{ac}^{(1)} + \varepsilon_2 \lambda_{ac}^{(2)} \qquad (3.42)$$

式中，

$$\varepsilon_2 \lambda_{ac}^{(2)} \approx \frac{2s}{N} \qquad (3.43)$$

在这个近似过程中，s 和 λ_{ac} 的负相关性论证了一个基本的数值结果：随着 s 的增长，随机网络逐渐形成的过程中，网络对同步的支持能力加强了。

很遗憾，我们仅能从观察获知"小世界"这个属性何时来到，从我们的实验来看，结果符合目前大多数文献的意见，即 $p \approx 0.3$，但如何解析该结论，仍是复杂网络界的盲点，也是笔者未来一段时间的兴趣所在。这一结论，将为我们的同步理论的解析框架，提供重要的理论依据。而目前我们所知：

$$L(N, k, p) \sim \frac{N}{k} f(pkN) \qquad (3.44)$$

式中，$f(pkN)$ 是一个广义的函数，当 $pkN \ll 1$，它是个常数，而 $pkN \gg 1$，$f(pkN) = \ln pkN / pkN$。

由上文中的推导不难看出，平均路径的长度随着 p 值在缩短，在 $p \geq \dfrac{1}{Nk}$ 处，小世界现象涌现，而同步却不一定随之更快到来。唯有当 $p \geq \dfrac{1}{k}$ 之后，快速同步才会随之涌现。我们利用一个500个节点的小网络测试了在 p 值由0到1的过程中，同步时间 t、平均路径 L、特征比 R（代表了同步能力）的变化过程，并论证了我们的证明，如图3.10所示。

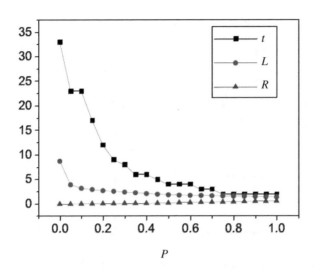

图3.10　在500个节点的小型网络中由规则图到随机图的变化过程

3.4.2　簇系数

簇系数（C）是网络中社团结构的度量。从单个节点的角度说，簇系数计算了该节点的邻居之间是否相连；从网络整体来说，则反映了网络中社团结构的紧密性。簇系数与上一节所提到的最短平均路径（L）有着强关联。如果C值较高，意味着网络中存在一些度较高的中心点，围绕着它们，形成了紧密的簇结构。从而，网络中任意两个节点之间相互寻找的过程，可以近似为它们所在簇之间的距离，则必然是较短的。

那簇系数又是如何影响网络中的同步过程呢？在前文中我们已经从理论上解释了特征比R值对于网络同步速度的描述能力。在此，我们很难用一种单一的正负相关关系去描述C值和R值之间的关系。较大的C值可能意味着网络中度较小的节点快速与中心节点的状态趋同，从而实现同步。但另一种可能也是存在的：网络中几个势均力敌而又持不同状态的簇，在各自形成局部同步之后，缓慢向全局同步演化。

我们利用前文所提及的几类主流复杂网络，来观察它们的C值与R值之间的关系。与我们的推断一样，二者之间没有明确的相关性。对于RG来说，网络中缺乏簇结构，但平均路径短，同步速度是几类网络中最快的。WS的形成机制决定了它含有比随机网络更多的簇结构，但很难形成从规模上占有绝对优势的簇，网络从局部同步到全局同步需要花费较久的时间。

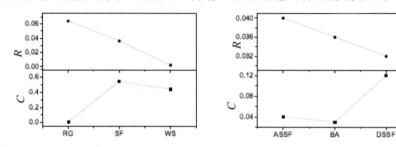

图3.11　含有1 000个节点的各类网络上簇系数与特征比的比较

我们将SF作为一个特殊的种类单独进行研究。对于持有相同节点数、连边数和度分布的无标度网络，随着连接机制的变化可以形成BA、ASSF和DSSF。我们可以看到，随着度相关性的降低，网络结构在从正相关变为负相关的过程中，R值呈下降趋势，也就是说，网络的同步能力下降了。但我们仍然无法计算C值对于同步的作用，只能从定性的角度再次得到和前文一致的结论。在ASSF中，节点连接方式类似于树状图，由高度节点逐次与较低度的节点相连，从而形成一个规模较大的簇，实现了快速的全局同步。而负相关网络，虽然拥有极高的C值，但多个中型和小型簇的局部同步让全局沟通变得艰难，从而同步速度较之结构最为松散的BA更慢。

以上研究让我们看到，簇系数虽然是网络重要的统计属性，但并不适合作为独立的观测值去研究网络的同步能力。一般来说，需要结合平均路径和度相关性等数值来共同对网络进行研究。

3.4.3　度相关性

相比较我们在前面几个小节中列举的网络统计属性，如最短平均路径等，"度相关性"这一概念出现的时间较晚，并带来了对于复杂网络，尤其是无标度网络的新视角。度相关性刻画了网络中节点与邻居间度的差异，差异越小，度相关性越高，反之越低。

我们重点研究无标度体系中的度相关性对于同步速度的影响。在上一节的实验中，如图3.11所示，显见相关性（DC）与特征比R呈正相关关系，而原因也在3.4.2节中做出了初步的推测。

当网络足够大的时候，我们可以试图通过解析方法研究网络的度相关性与特征比的关系，从而推测网络上的同步能力。在此处，我们引入"边连接度"$\left[e(G)\right]$的概念，边连接度指通过移除边的方式令网络断开所需最少的连边数。不难推断，DSSF中的中小型簇结构，由低度的节点连在一起，因此$e(G)$值较低；反之，随着DC值的升高，$e(G)$值也会逐渐升高。从这一角度说，$e(G)$可以作为描述度相关性的另一统计值。

假定一个无标度网络的度序列$k_{\min} = k_1 \leqslant k_2 \cdots \leqslant k_N = k_{\max}$，可估算出特征值的边界：

$$2\left(1 - \cos\left(\frac{\pi}{N}\right)\right)e(G) \leqslant \lambda_{\mathrm{ac}} \leqslant \frac{N}{N-1}k_{\min} \tag{3.45}$$

$$\frac{N}{N-1}k_{\max} \leqslant \lambda_N \leqslant 2k_{\max} \tag{3.46}$$

由此我们不难计算出特征比R的边界为

$$\frac{\left(1 - \cos\left(\frac{\pi}{N}\right)\right)e(G)}{k_{\max}} \leqslant R \leqslant \frac{k_{\min}}{k_{\max}} \tag{3.47}$$

这一推断与我们之前的定性研究一致，较高的DC值提高了R值的下界，预示着更好的同步能力。

通过以上的研究，我们找到了一种解析网络统计物理量与特征比（也就是同步能力）之间关系的方法，规避了经典统计学无法处理各量之间强相关性的问题，并为后续的网络行为研究提供了理论框架。

3.5 非必然同步的网络模型研究

在前面几个小节中，我们描述了不同网络结构对于网络上线性动力学行为的影响，利用微分方程构造了模型。在此模型中，我们假设网络上各节点之间的影响力皆为1，从而可以判定网络同步的必然性，而不同的网络结构只能影响同步的速度。在这部分研究中，网络被设定为无边权的无向网络。

但在真实世界中，常见的网络同步模型所应用的场景，如舆论网络、疾病传播网络等，无法用简单的线性模型描述，主要原因如下。

（1）在网络中，节点对于其他节点的影响力（在模型中被模拟为边权）存在差异；当网络中同时存在正边权和负边权，网络未必可以实现同步。

（2）网络上两个节点之间未必有双向的影响发生，即网络中可能产生有向边。

当前，对于有边权的有向网络缺乏系统的研究体系，本书使用了一种易建模、易观察的新方法，在网络中引入一个"异类"（outcast），使其对其他节点产生负影响力，也就是负边权；而其他所有节点均只能产生正影响力，也就是正边权。由此，我们将前文中的无权无向图，改变成了有边权的有向图。两者从结构上差别微小，但在后者网络上发生的动力学，变为了非线性动力学。我们由线性模型出发，使用渐近法，对非线性动力进行预测，由此发展出了一种新的解析理论体系。

在展开我们对于非线性动力学的微分方程模型的描述和渐近法的介绍之前，我们先对有边权的有向图做出几个假设。

（1）网络中无自环现象，即对应的邻接网络对角元素皆为0，并进一步保证拉普拉斯矩阵的行和为0。

（2）由一个节点出发至另一个节点至多只能有一条边，网络中无重复边的出现。

（3）网络具有连通性，即没有孤立的节点或局部，体系在邻接矩阵中则意味着，没有元素全为0的行或者列。

以上假设与前文的线性模型是一致的，方便我们基于线性模型解析非线性模型上的动力系统可能演化出的同步、分岔或混沌现象。

3.5.1　带有异类节点的微分方程模型

在本节中，我们试图引入点权和边权，丰富我们的模型，使得这一套理论体系适用于更多来自自然与社会的真实网络。其中，节点 x 在时间 t 时的点权将由 x_j^t 表达；而边权则体现在邻接矩阵 A 中，随着 A 中负值元素的出现，系数矩阵 M 的特征谱将不会必然地全为非正数。一旦有正特征值出现，同步就不会发生在网络上。我们再次由特征谱开始对于非线性动力驱动下的网络演化展开研究。系数矩阵 M 在任何情况下，都仍然会有且只有一个零特征值；而除此之外数值上最大的特征值，在下文中将被称为代数连接值（algebraic connectivity），标记为 λ_{ac}，并成为系统是否能达成同步的指标。

与线性系统的研究一样，我们使用一组动力学方程来表达点权的演化：

$$X = \mathrm{e}^{Mt} X^0 = P\mathrm{e}^{\wedge t} P^{-1} X^0 \qquad （3.48）$$

式中，

$$x_i^t = \sum_{j=1}^{N} P_{ij} \mathrm{e}^{\wedge_j t} x_j^0 \qquad （3.49）$$

而两个节点的差异表达为

$$\left| x_i^t - x_m^t \right| \leqslant \sum_{j=1,k=1}^{N} \left| P_{ij} - P_{mj} \right| \mathrm{e}^{\wedge_j t} P_{jk} x_k^0 \leqslant \sum_{j=1}^{N} \left| P_{ij} - P_{mj} \right| \mathrm{e}^{\wedge_j t} \qquad （3.50）$$

我们不难发现，任何正特征值都有可能导致至少两个节点之间的差异越来越大，这也正是系统无法同步的一种原因。

从图论的角度来说，我们可以把这个决定系统变化趋势的 λ_{ac} 表达为

$$\lambda_{ac} = \max_{\alpha \in K} \frac{\boldsymbol{\alpha}^{\mathrm{T}} \boldsymbol{M} \boldsymbol{\alpha}}{\boldsymbol{\alpha}^{\mathrm{T}} \boldsymbol{\alpha}} = \max_{\alpha \in K} \boldsymbol{\alpha}^{\mathrm{T}} \boldsymbol{M} \boldsymbol{\alpha} \quad （3.51）$$

并进而写为

$$\lambda_{ac} = \max_{\alpha \in K} \boldsymbol{\alpha}^{\mathrm{T}} \boldsymbol{P} \wedge \boldsymbol{P}^{-1} \boldsymbol{\alpha} \quad （3.52）$$

当 λ_{ac} 由负到正越过零点，并越来越远离零特征值，系统将越来越不稳定。

3.5.2 网络演化的周期性理论

接下来，我们用渐近理论来解析这一过程。在每个网络中，我们随机设置一个节点作为"异类"，它对其他节点施加负面影响。从图论的角度来说，我们将从异类节点发出的连接权重设为负值，而其他所有连接的权重为正，这使得网络变成了加权有向非对称网络。

$$\frac{\partial x_i^{j=n}}{\partial t_{j \neq i, j=1}} = \sum_{j=1}^{N} m_{ij}\left(x_j - x_i\right) + \alpha_i\left(T_i - x_i\right), i = 1, 2, \cdots, N \quad （3.53）$$

相应的向量表达式写为

$$\frac{\mathrm{d}\boldsymbol{X}}{\mathrm{d}t} = \left(\boldsymbol{M} - \boldsymbol{D}\right)\boldsymbol{X} + \boldsymbol{D}t \quad （3.54）$$

式中，$\alpha_i = D_{ii}$ 是"异类"的网络影响力，也就是它与邻居节点之间的连边边权；$T_i = t_i$ 是异类的点权。在一个 N 节点的网络中，我们假定节点1为这个异类，令 $m_{i1} = m_{1i} = -1$，而其他的 $m_{ij} = 1$。网络上状态的演化将以周期性发生，首先是吸引周期，紧接着是对抗周期，并周而复始。在一个阶段后，除去节点1的所有节点都将产生局部同步，犹如一个巨大的个体节点，作为整体，与节点1进行交互作用。

在第 N 个周期的吸引与对抗完成后，系统状态为 $\boldsymbol{X}(N) = \boldsymbol{G}^N \boldsymbol{X}(0)$，

式中 $G = e^{N+M}$ ， N 和 M 交错作用。基于此可知， G 有两个 1 特征值，以及正交的特征向量 e_1 和 e_2 。其余 $N-2$ 个特征值为 $e^{-2(n-1)}$ ，与之对应的特征向量并不相互正交，但与 e_1 和 e_2 存在正交关系。在每一个周期结束的时候，系统状态 $X(N) = \alpha_1 e_1 + \alpha_2 e_2$ 。鉴于 e_1 和 e_2 与其他特征向量正交， α_1 和 α_2 可以通过 $X(0)$ 向特征向量投影获得。其中， α_1 是异类的初始状态，而 α_2 是其余节点初始状态的平均值。

我们将按照两个交错的阶段展示网络状态的演化过程。对抗阶段由 e^M 控制，令 $\triangle = \alpha_1 - \alpha_2$ ，则节点 1 的状态在与其他节点对抗的过程中演化为 $\overline{X(0)} + N^{-1}(N-1)e^{-N}\triangle$ ，而其他节点则演化为 $\overline{X(0)} + N^{-1}e^{-N}\triangle$ ，此时这两个值都与所有节点初始状态的平均值较为接近。而当吸引阶段发生，节点 1 以 e^N 为自演化机制，其余的节点则局部同步于 $X = \left(\overline{X(0)} + N^{-1}(N-1)\triangle \right)e_1 + \left(\overline{X(0)} + N^{-1}\triangle \right)e_2$ 。

这种对于系统演化的表述方式，将有助于我们对不同拓扑结构、不同扰动能力的异类给网络带来的影响，进行定量研究。

3.5.3　网络同步过程的渐近式研究理论

本节我们将用渐近式理论，对异类和网络中其他节点的互动展开解析式的阐述。在动力学系统中，我们使用微分方程观察系统的连续变化，但在本节中，我们尝试着将连续的时间范畴分割为 $t = \varepsilon\tau$ ，式中 ε 为极小值。基于此，我们默认节点与节点之间的相互影响以一种离散的状态发生在极小的时间范畴内，而影响系统最终状态的是节点之间的影响力，也就是网络上的边权 m_{ij} 。参数 m_{ij} 中同时包含了网络结构信息和节点之间的耦合能力，鉴于此，我们可以在一系列的基于微分方程的推理中，展示网络结构是如何影响网络演化的。其中，网络中的异类，也就是节点 1 的演化方程如下：

$$x_1 = x_1^0(\tau) + \varepsilon x_1^0(\tau) \tag{3.55}$$

而其他节点的演化方程如下：

$$x_i = x_i^0(\tau) + \varepsilon x_i^0(\tau), i = 2, 3, \cdots, N \tag{3.56}$$

在初始阶段，我们可知

$$\frac{\mathrm{d}x_1^0}{\mathrm{d}t} = 0 \tag{3.57}$$

即

$$x_1^0(\tau) = x_1^0(0) \tag{3.58}$$

接下来，系统中除了异类之外的节点在逐步趋于局部同步，而异类则与这一阵营产生互斥关系：

$$\frac{\mathrm{d}x_1^1}{\mathrm{d}\tau} = \sum_{j=2}^{N} m_{1j}\left(x_j^0 - x_1^0(0)\right) \tag{3.59}$$

$$\frac{\mathrm{d}x_i^0}{\mathrm{d}\tau} = \frac{m_{i1}}{\varepsilon}\left(x_1^0(0) - x_i^0\right) \tag{3.60}$$

以及

$$\frac{\mathrm{d}x_i^1}{\mathrm{d}\tau} = \frac{m_{i1}}{\varepsilon}\left(x_1^1(0) - x_i^1\right) + \sum_{j=2, j\neq i}^{N} m_{ij}\left(x_j^0 - x_i^0\right) \tag{3.61}$$

由此可推断：

$$x_1^0(\tau) = x_1^0(0) + \left(x_i^0(0) - x_1^0(0)\right)\exp\left(-\frac{m_{i1}}{\varepsilon}\tau\right) \tag{3.62}$$

以及

$$x_1^1(\tau) = \sum_{j=2, j\neq i}^{N}\left[\left(1 - \exp\left(-\frac{m_{i1}}{\varepsilon}\tau\right)\right)\frac{\varepsilon m_{1j}}{m_{j1}}\left(x_j^0(0) - x_1^0(0)\right)\right] \tag{3.63}$$

基于此，可知节点的演化趋势：

$$\frac{\mathrm{d}x_i^1}{\mathrm{d}\tau} + \frac{m_{i1}}{\varepsilon}x_i^1 = \frac{m_{i1}}{\varepsilon}\sum_{j=2, j\neq i}^{N}\left[\left(1 - \exp\left(-\frac{m_{j1}}{\varepsilon}\tau\right)\right)\frac{\varepsilon m_{1j}}{m_{j1}}\left(x_j^0(0) - x_1^0(0)\right)\right] +$$

$$\sum_{j=2,j\neq i}^{N} m_{ij}\left[\left(x_j^0(0)-x_1^0(0)\right)\exp\left(-\frac{m_{j1}}{\varepsilon}\tau\right)-\left(x_i^0(0)-x_1^0(0)\right)\exp\left(-\frac{m_{j1}}{\varepsilon}\tau\right)\right]$$

（3.64）

并推断出：

$$x_i^1 \sim \sum_{j=2,j\neq i}^{N} \frac{\varepsilon m_{1j}}{m_{j1}}\left(x_j^0(0)-x_1^0(0)\right)+\frac{\varepsilon m_{1i}}{m_{i1}}\left(x_i^0(0)-x_1^0(0)\right) \qquad （3.65）$$

而其中节点1，作为异类的演化过程如下：

$$x_1^1 \sim x_1^0 + \varepsilon\sum_{j=2}^{N}\left[\frac{\varepsilon m_{1j}}{m_{j1}}\left(x_j^0-x_1^0\right)\right] \qquad （3.66）$$

从式（3.66）中可以判断出，节点1的影响力（边权）和与整个网络的连接紧密程度，都将影响它对全网的破坏能力。

3.5.4　模拟实验

在本节中，我们在网络中加入异类节点，并观测它如何影响网络上的状态演化。我们使用了上一节构建的5个经典网络：WS、RG、BA、ASSF和DSSF。每个网络由1 000个节点和5 000条连边组成。在每个网络中，我们将进行100轮模拟。算法如下。

（1）将节点按度数从小到大排序，分为10组。我们从每组的第一个节点中随机选择一个作为异类节点 i。

（2）对于具有特定度数值的异类节点 i，我们给它的影响权值 b_i 从-5到-0.5。每轮增加0.5。

（3）在对每种取值的异类节点完成10轮模拟实验之后，我们转到下一组并重复该过程。

我们期望观察异类节点的位置和强度如何影响观点的演化。实验结果如图3.12～图3.14所示。

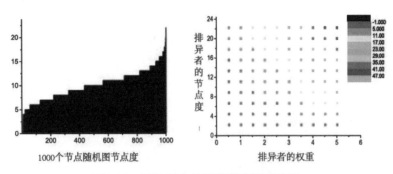

图3.12　随机图上的异类节点影响实验

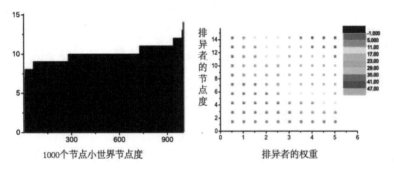

图3.13　小世界网络的异类节点影响实验

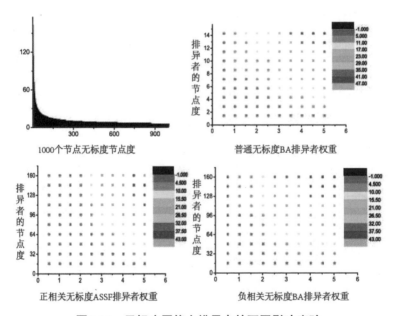

图3.14　无标度网络上排异点的不同影响实验

我们选择10个节点，度数从低到高，每次将其中一个设为异类节点。对于每个具有特定度数的异类节点，我们给它从−5到−0.5的影响他人的强度，并在每一轮记录代数连通度 λ_{ac}。$\lambda_{ac} \leqslant 0$ 意味着节点状态可以收敛，反之则发散。

在图3.12中，我们展示了RG上异类节点的影响力是如何随着它的影响权值和网络位置变化的。当度数非常低时，增加影响权值不会改变观点的收敛性。而当度数上升到16时，即使是非常小的异类节点强度也会导致发散。

在图3.13中，我们以概率p断开并重新连接规则图。在 $p \approx 0.1$ 处停止，并将其视为WS。WS中，节点的度数值异质性小于随机图。WS中的最大度数只有14。无论我们把异类节点放在哪里，与随机图相比，它对网络演化产生的影响力变化都不大。当位置因素不再重要，我们就将注意力转向它的影响权重 b_i，在小世界网络中，异类节点需要更高的强度才能引起发散。

而接下来的3种不同类型的无标度网络，可以被视为一组对照组。在生成过程中，它们共享了同一组度序列，并按照不同规则形成了差异巨大的结构。但由于节点的度分布相同，它们都具备了幂律的特征。

在图3.14中，我们展示了三种无标度网络上排异点的不同影响力。这三种网络具有相同的度分布，度的分布范围均比随机图和小世界网络大很多。以幂律指数3拟合网络，可得网络中节点最低度数为4，最高度数约为160。在随机图中，度数为16的节点是中心节点，但在无标度家族中只是中心节点周围的一个分支。图中显示普通无标度网络BA中有三个层次的节点。度数低于32的"分支"，作为异类节点很难影响收敛性。度数在32到80之间的"中心"，其作为异类节点的能力取决于其强度。度数高于80的"关键中心"，作为异类节点可以很容易地以极低的强度扰动系统。

正相关无标度网络ASSF是通过将皮尔逊系数从−0.1调整到0.3从BA生成的。在ASSF中可以观察到网络稳定性的显著提高。"中心"需要更高的强度来改变他人的观点。除非那些"关键中心"的强度高于2，否则系统保持收敛。然而，当度数为160的异类节点的强度达到10时，它使λ_{ac}远离零的程度比在BA中更大。

负相关无标度网络DSSF是通过将皮尔逊系数从-0.1调整到-0.3从BA生成的。与BA相比，DSSF中的"分支"更容易扰乱收敛性，而"中心"和"关键中心"更难做到这一点。当异类节点的强度和度数都很高时，λ_{ac}在37左右趋于平缓。

接下来，我们把5种网络放在一起进行比较。在图3.12中，我们已经得出结论：与其他网络相比，RG具有显著更短的平均路径长度L和更小的聚类系数C。表示度相关性的皮尔逊系数接近于0。在RG中，高随机性和短L使得每两个节点（包括异类节点）很容易相互到达。当异类节点的度数增加时，RG表现出脆弱性，λ_{ac}迅速远离0。

在WS中，明显的聚类结构延迟了状态的扩散。从前文中我们给出的式（3.30）以及一系列相关的推导可知，如果我们按特征值降序排列方程组，当M的所有特征值λ_i都为负时，式（3.30）右边将以分层方式达到零。换句话说，在与其他簇进行状态交互之前，小簇会达成局部同步。如果网络中的聚类结构不明显，层次之间的时间将缩短。然而，当有一个$\lambda_i > 0$时，它会首先影响与它在同一簇中的那些节点。当其他簇中形成强大的局部同步时，具有更清晰簇结构的WS可以将异类节点带来的负面影响限制在一个簇内。它增强了网络对抗破坏同步过程的稳定性。

现在我们转向3个SF。从第2章和本章对于网络类型的介绍我们已经知道：对于平均路径长度L，ASSF>BA>DSSF；对于聚类系数C，DSSF>ASSF>BA；对于度相关性，ASSF>BA>DSSF。在图3.14中，当异类节点强度较低时，ASSF表现出最高的稳定性。在BA和DSSF之间没有观察到显著差异。但是当强度和度数都很高时，ASSF表现出最弱的稳定性，其λ_{ac}很快远离零。在ASSF中，当异类节点拥有最高度数时，它会直接影响度数较低的节点，如图3.15所示。

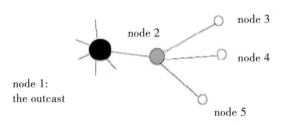

图3.15　异类节点的状态扩散机制

在图3.15中，我们微观地呈现了一个网络中的异类节点与其邻居节点、邻居的邻居节点是如何发生动力学上的相互影响的。我们令节点1为异类节点，则它的演化机制如下所示：

$$\frac{\mathrm{d}x_1}{\mathrm{d}t} = m_{12}\left(x_2 - x_1\right) + \cdots \tag{3.67}$$

作为它的直接邻居，节点2的演化如下：

$$\frac{\mathrm{d}x_2}{\mathrm{d}t} = \frac{m_{21}}{\varepsilon}\left(x_1 - x_2\right) + \sum_{i=3}^{5} m_{2i}\left(x_i - x_2\right) \tag{3.68}$$

而网络中其余节点通过与节点2互连获得演化机制：

$$\frac{\mathrm{d}x_i}{\mathrm{d}t} = m_{i2}\left(x_2 - x_i\right), i = 3, 4, 5 \tag{3.69}$$

由于异类节点受到许多邻居的影响，我们无法预测它如何改变其观点。当 $\frac{m_{21}}{\varepsilon}$ 的值足够高时，节点1和节点2之间的差异会迅速且不断地扩大。同时，节点3～5将难以与节点2达成一致。来自异类节点的负面影响通过像节点2这样的高度数节点传播。不仅异类节点无法与其邻居达成一致，网络的其他部分也难以实现局部共识。但在DSSF中，高度数的异类节点只能影响小度数的分支，而远离异类节点的一些簇可能会达成一致并作为一个强大的群体影响其他节点。因此，来自异类节点的损害被减小了。

3.6 总结

在本章中，我们建立了一套基于微分方程的动力演化机制，论证了某些条件下网络状态同步的必然性，以一种解析的方式研究了网络拓扑结构是如何影响同步的速度的，并进一步建立了网络同步速度与网络的拉普拉斯谱、网络的各类统计物理参数之间的定量关系。

在本章的后半部分，我们在网络中引入了一种异类节点，令其扰动网络上的同步过程，以丰富我们对于含有点权、边权、扰动因素等的真实网络的理论研究。我们使用了前文中提到的 5 种典型网络来观察异类节点对于网络状态演化的影响。在每个网络中，我们设定一个随机节点作为异类节点，与其他节点间的边权为负，从社会学角度可以理解为给其他人带来负面影响。网络因此变得有向加权且不对称。即使异类节点的扰动能力极小，在特定的网络结构和异类节点特定的网络位置情况下，它会阻止网络同步的发生。第2章中用来衡量收敛速度的特征比率R在此处不再适用。我们研究了代数连通性 λ_{ac} 作为衡量网络对异类节点破坏力的度量。在模拟过程中，我们赋予异类节点不同的度和位置，并观测其对网络破坏力的变化。当异类节点的度和影响权重增强时，网络的不稳定性也随之增加。然后，我们比较了 5 种网络，观察了具有相同度和影响权重的异类节点所引起的不同网络的不稳定性。在本章的最后，我们使用了渐近方法来解析网络演化的过程。我们分析了拓扑结构如何对抗异类节点带来的破坏力。模拟实验支持了理论结构。通过这种方式，我们探索了一种研究加权有向网络中拓扑结构与动态行为之间关系的方法。

第4章　网络涌现与渗流

4.1　混沌与涌现

我们在第3章介绍了网络上的同步现象，在一种非常理想的模拟环境下，带有不同初始观点的节点经由网络连边发生相互影响，并达成一种带有必然性的全局同步。即使是在第3章的后半段，我们在系统中加入了异类节点，同步不再成为系统演化的唯一可能性，模型中的群体动力学仍然是线性的。这种基于图论和动力学的数学模型，为我们后续研究各种非线性的理论模型提供了研究框架。但系统科学的核心思想在于整体论，即一种1+1大于2的整体论思想。本章中，我们就将基于整体论，展现一个复杂系统内的非线性现象，尤其是一些突变，以及它们和系统结构的关系。

复杂系统是大量个体通过相互作用组成的整体，但并不是所有这样的整体都可以被称为复杂系统。在朱华等人的著作《分形理论及其应用》中，对于系统的界定提出了两点要求，亦与笔者所提出的一系列网络动力学模型观念一致：第一，系统必须是可计量的，任何时候的系统都能作理论描述；第二，系统的变化趋势由一些确定规则所支配。

对于初识系统科学的读者，经常有一个疑惑：在系统结构固定、影响因素明确的前提下，为何还会出现如"蝴蝶效应"般的非线性、不可预测的复杂变化趋势呢？为解答这一疑惑，我们将借助这一广为人知的科学现象，引入一个关键概念——混沌现象，也即英文中的"chaos"。

围绕着牛顿力学的经典力学体系认为，系统的演化可以用一组微分方程描述，而系统的不可知性只是由于其中某些非线性微分方程暂时不可解析所造成。这一观念被法国数学家庞加莱打破：他在针对小行星轨道稳定性问题的研究中发现，当相互发生引力作用的个体超过3个，系统的相空间中，某些特定位置会产生无限复杂的交错演化，使得极其小的扰动有可能被无限放大并对系统产生不可预期的影响。这一思想，与后世科学家命名为混沌的科学问题的思路是一致的。

美国数学家洛伦茨在20世纪中叶，提出了著名的"奇异吸引子"（图4.1）：利用一组只有3个变量的常微分方程组，模拟出了相空间里一组不封闭、随机跳跃的类环结构。奇异吸引子从数值上论证了混沌的发生，亦是科学界较早时期模拟出的一种分形现象（这在第6章我们会展开讨论）。接下来的50年，来自物理和数学界的多位科学家陆续从理论、数值模拟、真实案例发现的角度，论证了混沌的存在性。

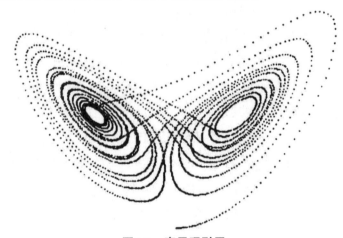

图4.1　奇异吸引子

我们不妨用一种简单的视角来解释混沌的发生。以复杂网络为例，这是一种基于科学界对于复杂系统的定义而产生的模型，由大量个体节点按照一定拓扑规律组成。在前文中，我们使用了一系列的统计物理参量去描述它们的拓扑结构，包括但不限于最短平均路径、簇系数、相关性等。这些参量并不是以线性不相关的状态去逐次影响网络上的动力学行为，事实上，它们之间有至今无法解析但可观测的强相关性。当某种动力因素（可以理解为动力学方程）对网络产生干扰，例如突发的传染性疾病，它会因为较短的平均路径而快速传播，并因为较高的簇系数而集中大规模暴发，而"短路径"和"高簇系数"在小世界网络里通常是同时存在的，并对网络上的动力进行了叠加式的放大，造成不可预测的影响。那么，混沌是不是一种毫无规律、愈演愈烈的动力过程呢？它虽然具有长期不可预测性，但运动轨迹却始终局限于一个确定的区域，也就是吸引域。这一点，我们在图4.1中也可观察。

在复杂系统这门学科中，将混沌的起因归结为"复杂性"，而它的重要特性就是"涌现"。一个神经元无法进行独立的智能行为，但千亿级的神经元以某种机制连接在一起之后，就形成了人类智能的物质基础，也是人工智能的模拟机制。

复杂系统涌现在时间和空间上都会有突发的相变，如时间整体非平衡动态行为、空间分布混乱结构等。涌现又分为无序和有序的。复杂系统中集体行为的出现意味着有序的涌现，可以用更少的状态变量对集体加以描述、分析和控制。我们试图从系统论、突变理论、控制论和一些数学领域中提取分析方法来完善我们对涌现的定量分析，试图找到其发生时间、发生规模与系统原有拓扑结构之间的关系，从而建立一套可以面向较多真实场景的控制方法，完成我们在真实生活中对于系统演化的两大研究任务：促进良性动力因素和扼制恶性动力因素。在后续提及的几个模型中，我们也多是围绕着这两个任务展开研究和阐述。

在接下来的4.2～4.4小节，我们将列举几个有可能会发生涌现，甚至无序的混沌态的动力学系统，并利用不同的理论模型进行分析。这么做一方面，我们希望初学者可以了解网络科学对混沌、涌现等现象的数值模拟方法；另一方面，希望有真实网络分析需求的读者可以参考多样化的模型。4.2节和4.3节的模型来自笔者原创；4.4节的模型引用自经典的文献或论著，并加入了一些对于新型冠状病毒在全球暴发，以及人类与之斗争模式的思考。

4.2 爆炸性渗流模型

4.2.1 基于渗流理论的知识准备

首先，我们简单介绍一下渗流理论。我们将某种液体倒在一个多孔材料上，这种液体从一个孔流到另一个孔，最终到底端的过程就叫渗流。在复杂性科学中，我们将孔模拟为节点，将孔与孔之间的通路理解为连边，将渗流思想引入复杂网络传导性和鲁棒性的研究。

2009年，加利福尼亚大学的Dimitris Achlioptas教授和他的合作者们在著名学术期刊《科学》上发表了论文"Explosive percolation in random networks"，作者们在文中提出，他们受到原子碰撞机制的启发，发现了一种随机网络的连接方式，能够促成网络上节点状态的快速相变。后续，这一发现被命名为"爆炸性渗流现象"，其中连接网络的过程被网络研究界的其他科研人员称为Achlioptas过程。

在本章中，我们将利用渗流理论，展现网络上相的突变。为了方便读者理解，我们不再使用新的动力学机制，而是沿用第3章中的同步研究，观察不同连接机制下网络上产生的同步涌现。

生活中处处可见同步现象，网络科学中也不乏各类相关模型。例如，网络上的观点动力学是近年来被广泛研究的社会动力学，是通过各种数学和统计物理理论，研究两个或多个节点通过相互影响决定系统演化模式的系统动力学。从动力系统的角度来看，它和我们在第3章中对于同步的研究是一致的，即观察网络系统中的个体节点有没有可能在某个过程后同步，如果有，那么它又是如何被网络拓扑结构影响的。在复杂网络的很多经典论著中，我们都可以找到基于同步理论的观点动力学研究。他们认为在观点动态中要实现的共识是复杂网络上的一种同步，这种同步在自然界中普遍存在，在许多不同的背景中发挥着非常重要的作用。一些研究阐述了如何在系统中实现同步，以及如何预测和控制混沌响应。

当前，经典研究多建立在固定网络上，即在研究中假设网络结构在动力学发生作用之前已经确定。很少有研究关注网络本身处于增长状态时的观点动态。然而，支持观点的真实世界网络通常不是一成不变，而是在尺寸上不断增大，结构上不断变化的，社交网络就是个很典型的例子。

在本书中，作者利用Achlioptas过程（后续简称为"AP过程"）建立了增长型的网络，来观察网络状态的涌现。对于一组活跃的节点来说，每一个单独的信息扩散问题都是一个重新连接和交流的过程。当网络的节点最终连接起来，即每一对节点之间都至少有一条路径时，网络上的群体观点将如何涌现，是和节点连接的过程有很大关系的。我们将利用随机连接作为AP过程的对照组，来观察AP过程带来的群体观点突变。

4.2.2　AP 过程

AP过程是一种将散点连接为网络的过程，它的核心目的是在全网连通之前抑制大规模的簇的出现，从而使得网络上的动力学在局部小规模演变，直到最后一次连接发生时，产生巨大的网络状态相变。

对于随机网络而言，这种连接发生过程如下。

（1）将N个散点两两相连。

（2）搜索所有节点中度最低的两个节点进行连接。可以想象，如果N是偶数，这一过程是完全随机地选择；而如果N是奇数，此时网络中只有1个度为0的节点，它将在$N-1$个度为1的节点中做出选择。

（3）重复过程（2）直至网络中任何一对节点可以通过至少一条路径找到对方。

在后续我们的研究中，我们将利用这个基础模型，对各类型的无标度网络建立新的连接机制。这一部分研究虽然是作者的创新，但来源于Achlioptas教授的基础模型，为了表达对原作者的尊重，本书中将统称这类型的连边过程为AP模型。

4.2.3 基于 AP 过程的网络构建过程

在这里，我们需要向读者阐述以下几个问题：①我们将如何通过AP过程建立不同类型的网络拓扑；②我们将在网络上运行什么样的动力学；③如果读者想复现这些过程，在这样的建模过程中，有哪些来自统计物理学的注意事项。

在第2章的数学准备中，我们曾经提到过，经典的网络理论会把随机图和小世界网络都当作规则网络断边重连的产物，当断边重连率为30%左右时，网络上开始呈现小世界现象，当这一概率突破了70%，我们一般则称网络为随机图。这里我们就注意到一个细节，小世界网络和随机图并非互斥的一对概念，随机图上也有可能携带小世界的显著特征：平均路径短。根据AP过程的规则连接机制，我们有理由相信，它产生的随机图，会比随机连接产生的随机图更接近一般意义上的小世界网络，因此笔者并没有对小世界网络展开单独的建模研究。

相比较"规则图—小世界网络—随机图"这一家族中随意而方便的连边模式，无标度SF家族的幂律特征需要我们提供全新的方法来完成AP过程，并控制节点们不要太快地围绕度最大的一些节点形成大型的簇结构。过程如下。

（1）由于SF近似服从幂律 $p(k)=k^{-\lambda}$，且幂律为 $\lambda \in (2,4)$，以设置一个 $\lambda = 2.5$ 为例，我们可以根据节点数N和连边数m生成一个幂律阶序列，并基于此给出第i个节点对应度数值 k_i 的半链路。

（2）随机将节点两两相连。所有实现连边的节点，将其在幂律序列中的对应数字减去1。

（3）选择合并尺寸较小的集群。在合并的过程中，为了服从幂律，我们会尽量选择幂律序列中存留数值较大的节点作为集群的结合点，并在幂律序列中将对应数字减去1。

（4）重复步骤（3），直到幂律序列中所有数字皆为0。

在这种情况下，由于散点和小集团总是优先被选择，所以一旦所有的半链路用完，全网不会有不连通的部分存在，这又是AP过程优于随机连接的另一个特点。

在图4.2中，我们向读者展示了我们在Matlab上以AP过程建立的128个节点、500条连边的随机图和无标度网络。较少的节点使我们有机会看到不同的度分布在网络结构上的体现。

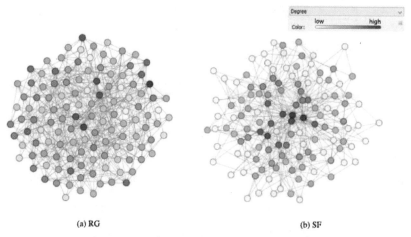

(a) RG　　　　　　　　　　(b) SF

图4.2　基于AP过程的随机图和无标度网络

如果各位读者有兴趣复现我们即将进行的动力学过程，则需要注意，与单纯完善网络结构不同，网络上的涌现与相变对于网络的尺寸、网络的统计物理参数是有一定要求的。在物理学的书籍中，可以通过有限尺度效应（finite scale effect）找到对应的基础理论，从而丰富我们对于解析模型的认知。

对于本书而言，在后续的实验中，我们发现尺寸并没有过于限制网络上涌现的出现，但无标度网络中的幂律 λ 间接通过环绕着高度节点的大型集群，影响着网络上相变的发生。我们将以一组模拟实验来具体说明，如图4.3所示。

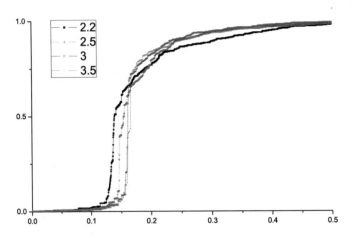

图4.3　不同幂律 λ 的无标度网络中最大集群尺寸的变化

在探究不同幂律 λ 下无标度网络的形成过程时，我们观察到最大集群尺寸的变化呈现出一种显著的特征：这是一个突变的过程。特别地，当幂律 λ 的取值小于3时，这种变化遵循着二阶相变的规律，意味着变化是连续且平滑的，但伴随着系统性质的显著变动。然而，一旦 λ 的值突破3的临界点，最大集群尺寸的变化模式便发生转变，展现出更为剧烈的一阶相变特性，变化更为突然和显著。完成相变之后，最大集群的尺寸逐渐趋于稳定，其增长速率减缓，最终与其他节点实现平稳的连接，形成稳定的网络结构。这一发现不仅揭示了幂律 λ 在网络形成过程中的关键作用，也为我们理解复杂网络系统的演变提供了重要线索。

在前文的阐述中，我们指出AP过程的核心在于最大集群的涌现导致网络整体状态的突变，由此，图4.2的过程极有可能对应着网络上动力状态的相变。我们将最大集团的尺寸描述为

$$G_s = 1 - \sum_s s n_s(t) \tag{4.1}$$

式中，$n_s(t)$ 代表着一个含有 s 个节点的小集团在 t 时刻内部的连边数量。我们设定一个基于 G_s 对 t 导数的函数，来研究 G_s 在尺寸上的突变和时间的关系：

$$t_d(N) = t_x - G_s(t_x) \left(\frac{\mathrm{d}G_s(t)}{\mathrm{d}t} \right)^{-1}_{t=t_x} \tag{4.2}$$

我们不难推断，当全网络的节点数 N 足够大的，式（4.2）中的导数收敛于 N^θ。我们可以通过模拟实验来进一步观察 G_s 的变化是非连续的，也间接造成了网络状态的相变。

$$\left(\frac{\mathrm{d}G_s(t)}{\mathrm{d}t} \right)_{t=t_x} \sim N^\theta \tag{4.3}$$

4.2.4　基于 AP 过程的爆炸性渗流现象

当然，为了论证我们的看法，我们将使用第 3 章的线性模型来观察网络上节点的同步速度。在前文曾提及的方程组中，a_{ij} 指连通情况，如果节点 i 和节点 j 之间存在连边，则 $a_{ij}=1$，否则为 0；b_{ij} 指节点 j 对节点 i 的影响力。

$$\begin{cases} \dot{X}_1 = b_{12}a_{12}(X_2 - X_1) + b_{13}a_{13}(X_3 - X_1) + \cdots + b_{1N}a_{1N}(X_N - X_1) \\ \cdots \\ \dot{X}_N = b_{N1}a_{N1}(X_1 - X_N) + b_{N2}a_{N2}(X_2 - X_N) + \cdots + b_{NN-1}a_{N-1N}(X_{N-1} - X_N) \end{cases} \tag{4.4}$$

我们曾从特征谱的角度分析过，如果所有的 $b_{ij} \geq 0$，网络上所有节点状态的同步是具有必然性的，但同步速度将会受到网络连接方式和网络最终结构的影响。

在本节中，我们并不致力于研究不同类型网络间的比较，而是对 AP 过程连接的网络与随机连接的网络之间的差异感兴趣。我们先分别按照两种算法搭建同为 128 个节点和 1 000 条连边的随机图。我们每次过程增加一条连边，并运行式（4.4）中的动力学，不断重复直至所有节点连接完毕。我们将节点状态的标准差和节点状态的演化图展示如图4.4所示。

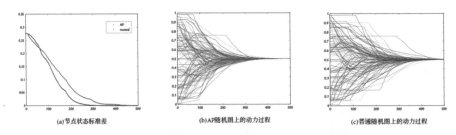

(a)节点状态标准差　　　　(b)AP随机图上的动力过程　　　　(c)普通随机图上的动力过程

图4.4　两种不同方法连接的随机图上的爆炸性渗流现象

可以看出，AP连接的随机图上，节点之间的状态差异始终小于随机连接的随机图，且更快地到达0值，即整个网络上所有节点状态同步并进入稳态。在状态演化图中，我们看到了不同于固定网络模型的现象。图4.4中每一条不同颜色的线条代表某个节点的状态演化过程，节点在找到自己的第一个连接伙伴之前呈现直线的状态。我们不妨注意到那几条维持直线状态最久的节点，在它们加入大集团之前，网络上已经出现了较大规模的局部同步，一旦它们与大集团中任何一个成员发生连接，全网就会爆发同步的相变，也就是我们在标题中称为爆炸性渗流的现象。

接下来，我们把同样的实验在无标度网络上再次运行，网络的连接与系统的演化交错进行，而AP过程再次显示了它对于同步速度更强大的支持，如图4.5所示。

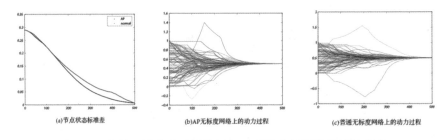

(a)节点状态标准差　　　　(b)AP无标度网络上的动力过程　　　　(c)普通无标度网络上的动力过程

图4.5　两种不同方法连接的无标度网络上的爆炸性渗流现象

4.2.5 基于 AP 过程的破坏抑制现象

在各类的动力学研究中，我们一般会同时研究网络结构对于动力的促进作用和抑制作用，这两类研究在现实社会中都有丰富的引例和应用。本节里，我们使用第3章中提到过的"异类节点"来参加我们的AP过程。异类节点的起始状态并不特别，和其他节点一样，只是一个随机值，不同的是，它对其他节点持有负影响力。我们在第3章中见识过它对于网络同步的破坏性，那么在线性模型中带来同步涌现的AP会对它产生什么样的效用呢？同样，我们对随机图和无标度网络分别进行观察。在每一组实验中，分别将异类节点的影响力设置为-1和-100，来观察它们的变化趋势。

在图4.6中，我们发现影响力较小的异类节点并没有太多机会去影响网络上的同步，因为网络上的节点是成对相连，则度小者优先的，任何节点，包括异类节点在内，在随机图上会不断受到小集团的扼制，而没有机会对大集团，甚至是高度节点造成持续的影响。由于这是一个结构不断变化的图，我们没有机会在这段研究里进行谱分析，只能从式（4.1）~式（4.3）为我们提供的思路中推测现象背后的成因。

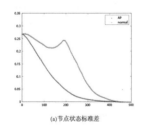
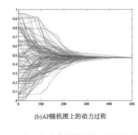
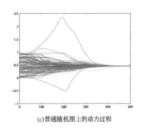

(a)节点状态标准差　　　　(b)AP随机图上的动力过程　　　　(c)普通随机图上的动力过程

图4.6　两种不同方法连接的随机图上的破坏抑制现象

当我们提高异类节点的负影响力，我们在节点状态的标准差变化图中观察到，随机连接的网络上，节点状态的差异经历了一个显著的拉大又缩小的过程，这是在固定网络研究中绝无可能发生的非线性现象。在第3章中我们曾提供过一组针对异类节点的解析方法，它随着度大小和影响力大小的改变，会造成不可控的网络演化，但这些演化本身是平滑发生的，并不会产生相变。而在此处，我们可以推测，这个具有极大影响力的异类节点在与一定数量的节点连接之后，推动了以它的状态为准的局部同步状态，但它始终无法成为任何大集团的一员，也就是说，网络中永远有相当数量的节点簇在形成另一种局部同步，并最终导向全局同步，也就是演化稳定后的0标准差。而AP过程中的异类节点更是始终被控制在较小的集团里，从始至终没有造成明显的突变式的破坏力。

而无标度网络就没有这么幸运了。在图4.7中，我们发现由于异类节点有机会参与最大尺寸的集群，它对SF的同步的破坏性比对RG的影响要大。在随机连接的SF中，根据幂律分布的规则，异类节点有很大概率加入最大集团，并造成偏移节点初始状态平均值的局部同步。而AP过程连接的SF上，由于对最大集团尺寸的严格控制，直到 G_s 值发生一阶或二阶相变之前，异类节点始终被局限在较小的团体中，没有与其他节点沟通的机会。但从状态趋势图中，我们发现它也具备了阻止全局同步的能力。

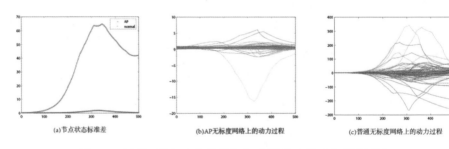

(a)节点状态标准差   (b)AP无标度网络上的动力过程   (c)普通无标度网络上的动力过程

图4.7　两种不同方法连接的无标度网络上的破坏抑制现象

总体来说，AP连接方式相较之随机连接方式，的确可以在一定程度上缩小或扼制某种动力学对于网络状态的影响，但网络在发生全连通的一瞬间所形成的相变，并非完全受到连接机制的控制，网络最终的拓扑结构也是相变的重要原因。

4.3　优势交叉涌现模型

社会网络中的观点一致性问题作为一个新兴的研究领域，吸引了广泛关注。这一现象其实与第3章中讨论的同步现象在社会学中的体现相吻合。在网络科学中，我们将这类研究称为观点动力学，它结合了图论和动力学的知识，旨在分析并预测投票、选举等集体行为的结果。观点动力学的研究重点在于观察和分析个体观点是否能达成一致，以及这一过程所需的时间。在选举等集体行为中，参与决策的人群会通过相互交流改变对方的看法，但人与人之间的影响并非总是正面的。过度的交流和强化认知可能激发人的逆反情绪，导致不如预期的沟通效果。因此，将心理因素纳入数学模型中，对于提高模型的解析性和真实性至关重要。

以美国大选为例，选举过程中的一个重要特征是选民的优势往往交错出现，且这种优势的互换呈现出非线性的特点。这种现象背后受到网络拓扑原理的支持。具体来说，社会网络中的节点（个体）和连接（关系）构成了复杂的网络结构，这些结构特征影响着信息的传播和观点的形成。

首先，网络中的高度数节点（即影响力较大的个体或群体）在观点传播中起着关键作用。他们的观点往往能够迅速传播到网络中的各个角落，对整体观点的形成产生重要影响。其次，网络中的连接密度和异质性也会影响观点的传播和形成。在连接密度较高的网络中，观点的传播速度更快，但也更容易形成局部一致性的小团体；而在连接异质性较高的网络中，不同观点之间的碰撞和融合更为频繁，有助于形成更为复杂和多元的观点结构。此外，网络中的动态变化也会对观点传播和形成产生影响。例如，在选举过程中，选民的观点可能会随着时间的推移而发生变化，这种变化可能受到新信息的出现、社交媒体的影响、政治宣传等多种因素的影响。因此，在构建观点动力学模型时，需要充分考虑这些因素，以提高模型的预测能力和准确性。

综上所述，社会网络中的观点一致性问题是一个复杂而有趣的研究领域。通过结合图论、动力学和心理学等多个学科的知识，我们可以更深入地理解观点传播和形成的机制，并为现实生活中的集体行为提供更准确的预测和指导。

很多观点动力学的最初目的是预测现实社交网络中的最终投票、选举或决策结果。以选举为例，这类活动的一个重要特征是，选民未必会在过程结束前达成压倒性的共识，甚至无法在过程中维持自己观点的一致性。以美国大选为例，大家可以从过往的新闻和数据中发现，参与竞选方往往交错占据选民优势，而这种优势的互换往往是非线性的，也就是一般意义上的"风云突变"。那么现象背后有什么网络拓扑原理支持着这一涌现的间歇出现呢？

我们试图模拟出这种现象，把具有票选权的个体理解为节点，把节点间的交流理解为网络，可以搭建一个选举网络（或任何观点网络）。节点的观点随着时间发生改变，一方面来源于自我思考，另一方面则受到和自己社会心理距离较近的人影响。

大量的社会调研和基于动力学方程的研究告诉我们，一个系统在达到同步之前，会出现很多达成了局部同步的小团体。这个观点将在第5章为我们带来一个全新的网络社团挖掘方法；而在本章，这个观点也会帮助我们理解现实中决策事件里的优势交叉现象。它实际上是小团体集体改变观点造成的非线性变化，有时候甚至算得上是涌现，因此我们把这个模型囊括到第4章中，为读者提供一种观察社会问题的数学视角。

4.3.1　网络结构的选择与网络上的动力学

网络上的动力学研究，往往期望建立动力学现象与网络结构之间的关联，由此找到一种控制网络的方法，通过调整少量的节点、连边或网络增长机制，以较小的成本达成两个目的：第一，促进有利的动力学现象（如广告推广等）；第二，扼制不利的动力学现象（如疾病控制、舆情管理等）。

网络的复杂性，主要体现在"小世界效应"和"无标度现象"这两个统计物理特征上。通过第2章的概念介绍，我们可以发现，这两个现象的存在并不互斥，也就是说，一个网络可以同时具有小于6的平均最短路径和呈现幂律的度分布。笔者认为，一般文献，包括本书中对于网络的分类，强调的是网络形成的机制，而非网络上唯一的特征。

基于这一观点，本节中我们仍然会使用"规则图—小世界网络—随机图"和"DSSF—BA—ASSF"这两大网络生成体系来搭建本书的模拟实验所需的几种网络。使用自己搭建的网络，对于后续的网络调整和控制策略研究更为方便。我们首先观察网络上的现象和统计物理值之间的量化关系，再通过调整少量节点或连边，尽可能改变统计物理值，以达到预期的网络结构，从而促进或抑制网络上的某种趋势。

在本节中，我们将沿用式（4.4）中的动力学来进行观点演化。相关解析过程可以在第3章中找到。

4.3.2　不同网络上的交叉涌现过程

在本节中，我们将分别展示RG、WS、DSSF、BA、ASSF上的优势交叉涌现现象。这5个网络皆含有1 000个节点、5 000条连边，每对节点之间确保至少有一条路径。我们使用Matlab中的ODE45来求解式（4.4）中的方程组。我们将每个节点的状态设置为-1到1之间的随机值。在图4.8～图4.10中可以看到，如果时间足够长，所有人的观点都会收敛到一个接近0的值。由于共识不能精确为0，我们将观点值限制在小数点后的8位。当然，真实生活中，投票时间不可能永无期限，因此最终的共识并无参考价值，真正值得注意的是小群体之间相互去说服形成的优势的交叉涌现。哪个阵营能占据较长的优势时间、哪个阵营能在劣势情况下以较高的互换频率去推动网络动力发展，才是胜负的关键。

为了让动力学模型更容易从社会角度去解读，我们为读者提供了两种观察方法：数值上的变化和阵营上的变化。图4.8～图4.10中各有两张图：左边的图为连续的观点变化趋势图，右边的为阵营人数比较图，其中我们将1 000个节点分为"负观点阵营""零观点阵营"（中立阵营）和"正观点阵营"，这种分法和大多数的二分类的社会大型决策事件是一致的，如选举中往往有两位主选人。当然，本模型一样可以拓展为多分类决策模型，本节中不再赘述。

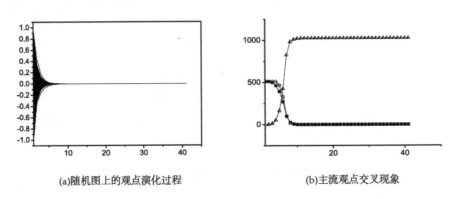

(a)随机图上的观点演化过程   (b)主流观点交叉现象

图4.8　随机图上的交叉涌现过程

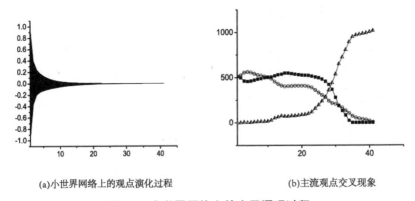

(a)小世界网络上的观点演化过程   (b)主流观点交叉现象

图4.9　小世界网络上的交叉涌现过程

我们首先简单比较一下RG和WS。一如前文所述，相比较WS，RG上更容易出现同步，这是由于它与近邻连接少，更有机会与各种观点差异较大的人群接触，而不是被环绕在小团体中，被局部的观点同步牵制住改变的速度。事实上，这也是RG上同步速度高于所有其他网络的原因。由于同步速度过快，系统来不及发生丰富的交叉涌现，就已经进入稳态。在此说明，笔者对于所描述的社会网络现象不持任何基于社会学或其他社会科学的态度，仅提供数学模拟以及对应的网络科学理解方法。

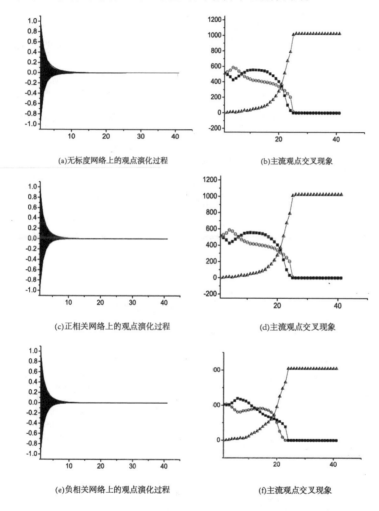

(a)无标度网络上的观点演化过程　　　　(b)主流观点交叉现象

(c)正相关网络上的观点演化过程　　　　(d)主流观点交叉现象

(e)负相关网络上的观点演化过程　　　　(f)主流观点交叉现象

图4.10　各类无标度网络上的交叉涌现过程

在无标度家族中，3个网络的度分布一致，却为交叉涌现现象展现了差异极大的演化平台。其中，ASSF呈现了最少的交叉次数，而DSSF最多。ASSF中的节点倾向于与自己度类似节点相连，也就是说，会以树状层级结构形成连通图，在网络形成的过程中，度小节点需要通过度大节点与其他集团发生观点互换，流通过程较为困难，而局部同步较难发生快速变化。而DSSF则情况刚好相反，小集团通过度小点积极沟通，所以交叉涌现频繁，而每一种观点占据优势时间较短。

下面，我们将进一步研究各类拓扑指标与网络上交叉涌现现象之间的关联。图4.11～图4.13中，我们将分别研究平均度（K）、簇系数（C）、最短平均路径（L）对于网络达成同步前优势观点交叉涌现的次数（F）、最长优势时间/总时间比值（R）的影响。我们分别建立5种典型的复杂网络，均具有1 000个节点，我们按照平均度为3、4、5分别生成网络的连边数1 500、2 000、2 500，并确保网络均为连通网络。我们用[−1,1]之间的随机值为每个节点的初始观点随机赋值，并确保所有网络的初始观点值是同一随机数组。

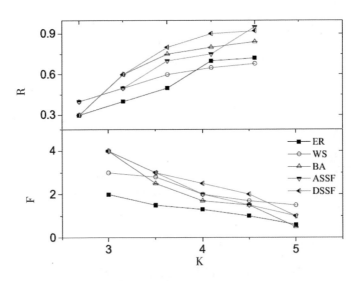

图4.11　不同网络上度分布与交叉涌现现象之间的关系

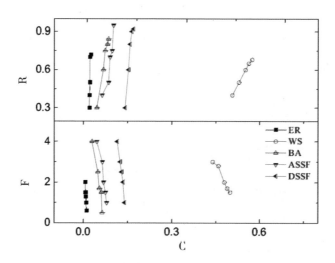

图4.12　不同网络上簇系数与交叉涌现现象之间的关系

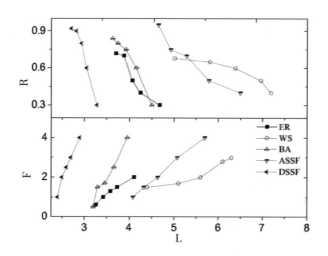

图4.13　不同网络上最短平均路径与交叉涌现现象之间的关系

在图4.11～图4.13中，我们首先可以确定的是，对于任何网络上的观点演化过程而言，优势观点交叉涌现的次数和最长优势时间/总时间比值一定是负相关的，即涌现次数越多，最长优势时间越短。我们对于每一张图的观察，都需要分别观察网络之间的差别，以及同一网络在不同结构参数情况下的差别。从图4.11中我们看到，ER随机图的涌现次数是最小的，这和我们前面的观察一致，ER上的同步太快了，没有给小集团充分的机会同时改变观点。而DSSF上的交叉次数则较多，因为同步速度较慢，而小集团之间有充分的机会相互交流。

与此同时，我们观察到，随着平均度的增加，网络密度随之增加，所有网络上的优势交叉数量都减少了，我们合理推测这是由于网络结构逐渐趋于全连通图，簇结构逐渐模糊造成的。随着网络上连边越来越多，簇系数会随之增大，但是用来区分小集团的"簇内连接密度"和"簇外连接密度"却趋同。而这一结论，我们可以在图4.12中得到论证。

由于我们在ER随机图中没有观察到明确的交流，所以我们将重点关注其他4个网络。由于WS的小世界特性，群落结构不明确，小众意见群体一起跨零的机会并不多。出于同样的原因，在WS中替换大多数用户比在其他任何网络中都要困难。因此，WS持有相对较低的交换频率F和较长的领先时间R。

对于不同类型的SF，群落结构更加清晰。虽然ASSF和DSSF是由BA生成的，但由于分类度的不同，导致3种网络的L和C不同。DSSF具有较长的L和较高的C，以极短的前置时间提供最频繁的交换。在DSSF中有许多类似规模的小社区，一旦交换发生，下一个交换很容易取代它。ASSF拥有少数庞大的社区，情况正好相反，当C增大时，交换频率减小，最长优势占据时间增长。L的增加降低了交换频率，同时延长了某个竞争方占据优势的时间。

在现实的投票中，领先的一方可能希望保持优势，而反对的一方可能希望下一次交换尽快到来。从图4.5中可以观察到，对于领导党来说，任何阻止C下降或L增加的行为都可能有助于建立小的聚类，如大程度的人与孤立的人之间的交流。

4.3.3　真实世界网络例子：面对面网络

在本节中，我们追踪了一个长期运行的博物馆展览中面对面接触的行为网络。该网络由251个节点和5 530个链接组成。我们在 $[-1,1]$ 之间给每个节点一个随机的初始意见，并模拟它们交流的过程。网络的度相关系数为0.755，这意味着它具有很强的同配性。在这个意见过程中观察到了一些明显的优势交换，演化如图4.14所示。如果决策或投票是基于面对面的交流，什么时候收集意见和结束事件将显著影响最终结果。

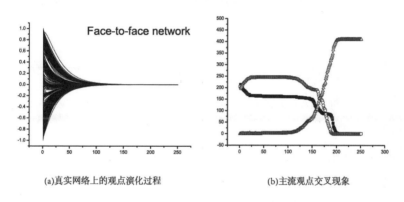

(a)真实网络上的观点演化过程　　　　　(b)主流观点交叉现象

图4.14　面对面网络上的交叉涌现过程

4.4　传染病模型

传染病模型是系统动力学中一个重要分支。一般方法是利用微分方程稳定性理论对传染病动力学进行建模、分析、预测。应用传染病动力学模型来描述疾病发展变化的过程和传播规律，运用联立微分方程组体现疫情发展过程中各类人的内在因果联系，并在此基础上建立方程求解算法。

对于网络科学来说，总会在一般的动力学基础之上考虑网络拓扑结构对动力机制的影响。我们可以通过第3章中所展示的动力学方程，用网络邻接矩阵作为动力学方程中的耦合参数，使得网络拓扑结构参与到动力学机制的研究中，对网络上的动力演化进行研究。本节中，我们仅提供各类传染病模型中的疾病演化机制，有兴趣的读者可以将其在不同的网络结构上进行测试。

不同类型的传染病的传播过程有其各自不同的特点，根据一般的传播机理，目前学界已经建立了一系列经典模型，如SI模型、SIS模型、SIR模型等。笔者并未对该领域有创新的方法，在本节中，我们参考了经典文献与论著中的几种重要模型，并对当前以非线性形态爆发的若干传染病的传播机制进行了一定的思考。在展开综述之前，我们根据大多数文献的习惯表述，将模型中的参数与符号说明记录如下。

t：某一具体时刻。

$x(t)$：病人人数。

λ：每天每个病人有效接触的人数。

N：总人数。

$s(t)$：健康者总人数。

$i(t)$：病人总人数。

i_0：初始时刻病人的比例。

t_m：病人的最大值。

μ：日治愈率。

$\dfrac{1}{\mu}$：平均传染率。

σ：接触率。

$r(t)$：移出者。

s_0：初始时刻健康者的比例。

4.4.1 SI 模型

本节中的SI模型与4.4.2节中的SIS均有如下假设。

假设一：在疾病传播期内所考察地区的总人数N不变，既不考虑生死，也不考虑迁移。人群分为易感染者（susceptible）和已感染者（infective）两类（取两个词的第一个字母，称之为SI模型），以下简称"健康者"和"病人"。时刻 t 这两类人在总人数中所占比例分别记作 $s(t)$ 和 $i(t)$。

假设二：每个病人每天有效接触的平均人数是常数，称为日接触率。当病人与健康者接触时，使健康者受感染变为病人。

假设三：模型三在假设一和假设二的基础上进行考虑，然后设病人每天治愈的比例为 μ，称为日治愈率。病人治愈后成为仍可被感染的健康者，显然 $\dfrac{1}{\mu}$ 是这种传染病的平均传染期。

基于假设，每个病人每天可传染 $\lambda s(t)$ 个健康人，如果病人数为 $Ni(t)$，则每天有 $\lambda Ns(t)i(t)$ 个健康人被感染，增加率为 λNsi，即

$$N\frac{\mathrm{d}i}{\mathrm{d}t} = \lambda Nsi \tag{4.5}$$

又因为

$$s(t) + i(t) = 1 \tag{4.6}$$

如若初始状态 $t=0$ 时病人比例为 i_0，则有

$$\frac{\mathrm{d}i}{\mathrm{d}t} = \lambda i(1-i), \qquad i(0) = i_0 \tag{4.7}$$

式（4.7）是Logistic模型，它的解为

$$\frac{1}{1 + \left(\dfrac{1}{i_0} - 1\right)\mathrm{e}^{-\lambda t}}$$

且有

$$t_m = \lambda^{-1}\ln\left(\frac{1}{i_0} - 1\right) \tag{4.8}$$

这时病人增加得最快，可以认为是医院的门诊量最大的一天，预示着传染病高潮的到来，是医疗卫生部门关注的时刻。其原因是模型中没有考虑到

病人可以治愈，人群中的健康者只能变成病人，病人不会再变成健康者。

4.4.2 SIS 模型

基于前文的假设，我们受到一些持续性强的疾病启发，建立了SIS模型。这些疾病愈合后免疫力很低，可以假定无免疫性，于是病人被治愈后变成健康者，健康者还可以被感染再变成病人，其中的动力学过程可以描述为

$$N\left[i\left(t+\Delta t\right)\text{-}i\left(t\right)\right]=\lambda Ns\left(t\right)i\left(t\right)\Delta t\text{-}\mu Ni\left(t\right) \qquad （4.9）$$

可得微分方程：

$$\frac{\mathrm{d}i}{\mathrm{d}t}=\lambda i\left(1\text{-}i\right)-\mu i,\ \ i\left(0\right)=i_0 \qquad （4.10）$$

定义 $\sigma=\dfrac{\lambda}{\mu}$，式中 σ 是整个传染期内每个病人有效接触的平均人数，称为接触数，得

$$\frac{\mathrm{d}i}{\mathrm{d}t}=-\lambda i\left[i-\left(1-\frac{1}{\sigma}\right)\right] \qquad （4.11）$$

4.4.3 SIR 模型

若干传染病，如肝炎等，治愈后均有很强的免疫力，所以病愈的人既非健康者，也非病人，因此他们将被移除传染系统，我们称之为移除者，记为R类。

SIR模型是指健康者被传染后变为病人，病人可以被治愈并会产生免疫力，变为移除者。人员流动图为S-I-R。

对该类模型，我们提出假设如下。

假设四：总人数 N 不变。人群分为健康者、病人和病愈免疫的移出者（Removed）3类，称SIR模型。3类人在总数 N 中占的比例分别记作 $s(t)$、$i(t)$、$r(t)$。

假设五：病人的日接触率为 λ，日治愈率为 μ（与SI模型相同），传染期接触为 $\sigma = \dfrac{\lambda}{\mu}$。

基于假设，显然有

$$s(t) + i(t) + r(t) = 1 \qquad (4.12)$$

对于病愈免疫的移出者的数量应为

$$N\frac{\mathrm{d}r}{\mathrm{d}t} = \mu N i \qquad (4.13)$$

不妨设初始时刻的健康者、病人、移除者的比例分别为 s_0（$s_0 > 0$）、i_0（$i_0 > 0$）、$r_0 = 0$，则SIR基础模型用微分方程组表示如下

$$\begin{cases} \dfrac{\mathrm{d}i}{\mathrm{d}t} = \lambda si - \mu i \\[2mm] \dfrac{\mathrm{d}s}{\mathrm{d}t} = -\lambda si \\[2mm] \dfrac{\mathrm{d}r}{\mathrm{d}t} = \mu i \end{cases} \qquad (4.14)$$

$s(t)$、$i(t)$ 的求解极度困难，研究者们常常使用数值计算来预估它们的一般变化规律。

4.4.4　传染病传播中的涌现与控制

在前文我们所列举的几种传染病模型中，我们多是通过常微分方程来展示疾病的传播规律，在相空间中，我们观察到线性的变化规律。但事实上，近20年来暴发的若干传染病事件，如SARS、新冠、甲流等病毒传播过程中，均出现了显著的患病人数突变的情况。图4.15，来源于2021年9月新浪网对于美国约翰斯·霍普金斯大学的研究引用，记载了2021年4月至9月全球单日新增的新冠病亡病例数据。可以从图中看到，即使是在拟合曲线中，病亡人数的变化也呈现出了多次突变。当时为新冠在全球暴发的一个时间节点，而人类对于该疾病的传播、变异、防控等仍然缺乏认知。在过

去通用的传染病模型已经无法模拟这一全球性暴发、传播迅猛且带有变异性的疾病。

来自不同领域的科研人员都希望从自己的知识领域出发，为全人类的疾病控制与医疗资源分配等问题做出自己的贡献。系统科学的责任在于，了解基于医学与传染病学的背景知识，寻找新的动力学模型，描述疾病的传染机制，并挖掘人群交互关系（社会网络）对这种传染机制的影响，从系统科学和网络科学的角度，为预防疾病传播、最优资源分配等问题提供科学理论支持。

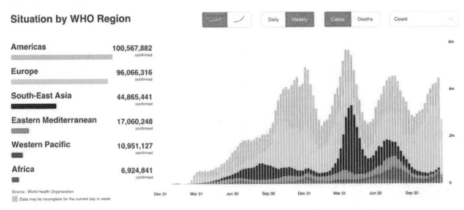

图4.15　2021年4月至9月全球单日新增新冠病亡历史①

2020年3月，钟南山院士团队在《Journal of thoracic disease》发表论文 "Modified SEIR and AI prediction of the epidemics trend of COVID–19 in China under public health interventions"（基于改进 SEIR 和 AI 模型对公共卫生干预下的 COVID–19 暴发趋势预测），采用改进的 SEIR 模型来预测新冠疫情的发展。该文结合2020年1月23日前后的人口迁移数据及最新的 COVID–19 流行病学数据，对 SEIR 模型参数进行估计和校正，由此预测疫情发展的走势，与实际报告数据的吻合度较高。

这也为网络科学工作者提供了基础的研究方向。笔者及其他的领域同

---

① 图片来源为https://m.sohu.com/a/489175618_121099273/?pvid=000115_3w_a。

仁，都可以基于SEIR模型，就观测到的各类社会影响因素，对全球性的恶性传染疾病进行进一步的研究。

4.5 总结

混沌与涌现是系统科学的重要课题。网络，不仅是混沌和涌现发生的重要物理载体，也是对其他系统行为进行模拟的数学方法。相比较系统科学迅猛发展的几十年，当前社会的信息流通速度更快、范围更广、方式更多样，而人类的物理位置迁移半径更大、途径更便捷。这些变化造成了在人类社会中，群体动力学更趋于非线性，多样化的涌现现象将会频繁而大量的出现，对全人类的思想、经济、安全、健康等造成难以预计的影响。与此同时，大型计算机集群的产生，以及人工智能的普及，又为我们存储、分析与预测这些与人类行为相关的海量和动态的数据，提供了新的思路。相信在未来相当长的时间里，用新的理论方法和工具，去解决新的人类行为建模问题，会成为科学界的热门。

第5章　网络社团挖掘

5.1　网络社团定义与刻画

网络中的社团，指的是一组节点之间具有相互关联和联系紧密的子群体。社团发现的目标是将网络中的节点划分为不同的社团，揭示节点之间的内部关系和外部连接。这一概念最早来源于图论，由Macqueen在1967年提出。

网络社团既可以是真实世界中的发现，也可以是我们对于数据客体之间关系的建模方法。我们可以在生活中发现很多网络社团的例子（来自社会学、计算机科学、生物学和经济学等不同领域），如朋友圈、推荐系统中多次购买相同产品的客户、具有相同细胞结构的蛋白质等。网络上的社团，可以被视为具有特定功能的集体，例如在线购物平台上的顾客，往往会延续购买习惯与需求，对他们进行社团划分，可以提高网站推介产品的效率。

在展开本章的科学问题之前，我们首先来讨论与网络社团挖掘类似的一些概念。近几年，随着海量和超高维大数据的出现，数据挖掘领域的方法论也进入一个创新的高峰。我们参考了基于若干关键词的经典文献，并试图分析这些定义或理论之间的异同。

比如"聚类"，指将物理或抽象对象的集合分成由类似的对象组成的多个类的过程。由聚类所生成的簇是一组数据对象的集合，这些对象与同一个簇中的对象彼此相似，与其他簇中的对象相异。而在广大的聚类算法家族中，有一部分是基于将数据通过距离计算网络化，从而利用网络社团挖掘去完成的。

常与聚类相提并论的是"分类"，分类算法也称为模式识别，是一种机器学习算法，其主要目的是从数据中发现规律并将数据分成不同的类别。相比较聚类的一过式计算模式，分类更侧重于强调利用已有信息寻找分类机制，从而应对新数据的学习过程。在一些分类算法中，仍然不乏将数据网络化的算法，但其动态学习过程和本章中基于图论的解析方法有着本质的不同。

随着大数据的产生，分布式计算成为数据挖掘、计算科学、人工智能等各领域的研究重点。在我们对大数据进行切割的时候，并非盲目地按照比例生成数据分块，而是希望尽量获得与原始数据独立同分布的数据块。如果数据对象为网络，则我们希望网络分块的统计物理属性与原网络尽可能地一致，这种对于内在关联度的挖掘，也将从网络社团挖掘中得到启发。我们将在第6章重点阐述该类网络科学在大数据和人工智能中的应用。

在本章，我们首先介绍基于图论和谱分析的网络划分基本理论。网络社团的区分是基于一个簇内的密度与簇间密度的区分：

$$\sum_{i\in V}k_i^{in}\left(V\right) > \sum_{i\in V}k_i^{out}\left(V\right) \tag{5.1}$$

式中，V指的是节点集合，i是任意节点组合，k_i^{in}指的是i内连接总数，而k_i^{out}是i内节点与i外节点的连接总和。以图5.1为例，我们可以看到3个较为明显的社团，两两通过单个连边连接。

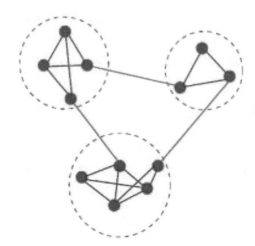

图5.1　网络上的社团结构

　　图5.1是一种理想的网络结构，我们称之为具有异质性，即节点的度之间有明显差异，社团的内部密度与外部密度有明显差异。在真实世界网络中，却常常遇到类似图5.2中两个网络的同质性网络，它们大致有两个类型：①随机性过强，缺乏内密度较高的簇结构，例如我们前文中介绍过的随机图，平均路径短，簇系数低；②随机性过弱，例如全连通网络或是规则图。如果遇到这样的网络，基于内密度或各类度量模块化参数的原因，就对于网络社团挖掘无能为力了。

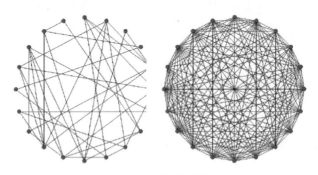

图5.2　同质化网络

　　但实际上，在复杂网络中，当网络尺寸N足够大的时候，即使是同质性较强的网络，也会因为区别于规则图的细微差别，造成网络上群体现象的涌现。而这种动力学过程里，快速达到局部相一致的节点，极有可能，存在紧密的内在关联。我们在对第3章和第4章的动力学现象研究过程中，都见识过小型集团的局部同步对于整体网络动力状态的影响力。在前文的研究过程中，笔者受到动力学过程的启发，设计了一种基于动力系统演化的内在社团挖掘方法，我们将在5.3节中进行阐述。

当然，不管是经典的基于图论的理论方法，还是时下流行的学习类算法，都是基于我们对于网络拓扑的基本认知和常用方法进行的拓展。因此，在我们正式阐述动力学方法以及它的应用之前，我们仍然要对常用的几类基本算法进行综述式的阐述。

5.2　谱方法，以及其他常用基本算法

5.2.1　谱方法

在本节中，我们将介绍网络划分的经典方法：谱方法，在一些教材中称为谱聚类。假定一个网络 $G = \{E, V\}$，式中 E 为连边集合而 V 为端点集合。谱方法的基本理念在于"切割"（cut），使得分割后形成若干子图，连接不同的子图的边尽可能少，即"截"最小，同子图内的边数尽可能高。大多数图论教材中对"切割"的讨论是基于无边权的无向图的。但随着数据挖掘技术的发展，我们的研究对象可能拓展为无向图、有向图、加权图或者超图等。在本书中，我们纳入对权重的考虑，向读者阐述"切割"网络的思想。假定一个网络的邻接矩阵为 A，A 为对角线元素为零的实对称矩阵，在非零元素中，如元素 A_{ij} 为0，则代表节点 i 和节点 j 之间无连边；若为1，则代表 i 和 j 之间有连边。这一矩阵的行和可写为下式中的向量 D：

$$D = \mathrm{Diag}\left(AI\right) \tag{5.2}$$

由此可得该加权网的拉普拉斯矩阵：

$$M = A - D \tag{5.3}$$

我们首先讨论一个基本的二分类问题，用切割函数将网络 G 分为子图 (G_1, G_2)，我们将两个子图间的连边表达为

$$\mathrm{cut}(G_1, G_2) = \sum_{i \in G_1, j \in G_2} w_{ij} A_{ij} \tag{5.4}$$

式中 w_{ij} 为 A_{ij} 上的权重。接下来的过程，就是将这一切割函数最小化。这一搜索过程有可能造成个别与全网连接稀疏的低度节点被划分为一个类，如图5.3中的H节点。

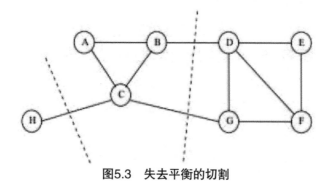

图5.3　失去平衡的切割

在不同的真实网络划分任务中，我们并不总能允许这样不平衡的切割，如资源调配问题等。为了避免这种情况，我们设计了式（5.5）中的比例切割（ratiocut）：

$$\mathrm{ratiocut}(G_1, G_2) = \frac{\mathrm{cut}(G_1, G_2)}{|G_1|} + \frac{\mathrm{cut}(G_2, G_1)}{|G_2|} \tag{5.5}$$

式中，$|G_1|$ 为子图 G_1 内的节点个数。我们设定一个比例函数 f_i：

$$f_i = \begin{cases} \sqrt{\dfrac{|G_2|}{|G_1|}}, \text{if } i \in G_1 \\ -\sqrt{\dfrac{|G_1|}{|G_2|}}, \text{if } i \in G_2 \end{cases} \tag{5.6}$$

通过最小化下式中的函数，保持两个子图间的平衡，由此得

$$\boldsymbol{f}^T \boldsymbol{M} \boldsymbol{f} = \frac{1}{2} \sum_{i,j=1}^{N} A_{ij} \left(f_i - f_j \right)^2$$

$$= \sum_{i \in G_1, j \in G_2} w_{ij} \left(\sqrt{\frac{|G_2|}{|G_1|}} + \sqrt{\frac{|G_1|}{|G_2|}} \right)^2 + \sum_{i \in G_2, j \in G_1} w_{ij} \left(-\sqrt{\frac{|G_2|}{|G_1|}} - \sqrt{\frac{|G_1|}{|G_2|}} \right)^2$$

$$= 2\mathrm{cut}\left(G_1, G_2 \right) \left(\sqrt{\frac{|G_2|}{|G_1|}} + \sqrt{\frac{|G_1|}{|G_2|}} + 2 \right)$$

$$= 2\mathrm{cut}\left(G_1, G_2 \right) \left(|G_2| + \frac{|G_1|}{|G_1|} + |G_1| + \frac{|G_2|}{|G_2|} \right)$$

$$= 2N * \mathrm{ratiocut}\left(G_1, G_2 \right) \tag{5.7}$$

在这种情况下，寻找最小割等同于寻找式（5.3）中 $\boldsymbol{M}$ 矩阵的第二最大特征值，它提供的特征向量可以近似为一个理想的切割。类似的理念，将以另一种理解方式，出现在 K-means 系列的聚类算法中。两者都可以拓展为多分类算法。

5.2.2　局部搜索方法

我们再提供一种局部搜索方法，在这个大的家族中有很多算法，著名的 K-means 就隶属其中。各种算法的组成多基于以下的3个部分。

（1）种子节点：按照预设的簇数量，随机选取对等数量的种子节点。

（2）判定函数：设定某种函数，如簇内平均路径、簇系数等，作为划分簇的判据。

（3）搜索策略：逐个搜索节点，用判定函数计算它与每个种子之间的关系，并将其划分入簇，直至所有节点都至少属于一个簇。

我们以 K-中心点算法为例，来展示这样的算法结构。

> 输入：簇的数目 k，包含 n 个对象的数据集。
> 输出：满足平方差最小的 k 个聚类中心及划分的 k 个聚类。
> 处理流程如下。
> 步骤1：从 n 个对象的数据集中随机选择 k 个对象作为初始的中心点。
> 步骤2：指派每个剩余的对象给离它最近的中心点所代表的簇。
> 步骤3：按照平方差函数值减少的原则，更新每个簇的中心点。
> 步骤4：重复执行步骤2和步骤3，直到每个聚类不再发生变化为止。

这类算法的优势在于，可以灵活地定义簇的个数、算法简单、收敛速度快及局部搜索能力强。但是该类算法依然存在对初值敏感，时间复杂度高，不适应大数据集和形状不规则的数据集等问题。而且该算法是基于梯度下降的，因此常常不可避免地使目标函数陷入局部极值，甚至会出现退化解和无解的情况。

我们在图5.4中给出一个对初值敏感的例子，我们分别令{n2，n5，n9}和{n1，n6，n9}作为种子，在同一网络中寻找3个簇，得到的结果大相径庭。由此可见，局部搜索类算法适合与其他具有调节簇个数以及簇大小的惩罚函数相结合，才能获得较为稳定的搜索效果。

随着机器学习的发展，当前可供我们去挖掘社团结构的方法更加丰富，但底层逻辑仍然多数沿用谱分析或者局部搜索策略，对之进行改良。笔者认为，方法的优劣不应以其出现年代的早晚或复杂程度来定论，而是要看其与数据的适配程度。在接下来的两节中，本书将为读者提供一种基于动力学过程的网络社团挖掘方法，它适用于网络结构具有较强的同质性、谱方法优势不明显的网络。

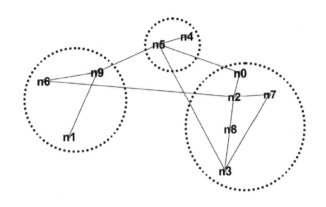

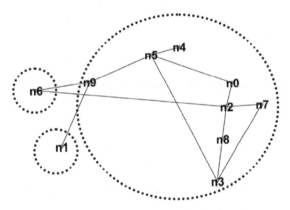

图5.4　不同初始节点带来的不同网络分割

5.3　基于同步过程的改良谱方法

5.3.1　网络动力学过程中显现的网络社团结构

在前文提及的各类网络社团（簇）挖掘方法中，我们处理的始终是网络的邻接矩阵 A ，也就意味着，目前大多数经典算法对同质性强的网络都缺乏处理能力，很容易陷入局部最优解，从而对网络进行不平衡或与数据场景不符的切割。随着同质性的增大，网络的划分结果会随着不同初值而产生较大的变化，稳定性差。而事实上，我们在图5.1中可以发现，网络的社团结构以紧密的簇内密度、较高的簇系数和模块化程度而客观存在于网络中，不应以社团划分的初值而改变。也就是说，我们设计社团算法的任务中，除了对于复杂度的要求，还有稳定性。而在静态的同质化网络上，我们已经无法使用目前常用的统计物理属性去挖掘近乎一致的各项网络社团指标。但近乎一致并非绝对一致，真正的规则图在真实世界里并不常见。而复杂网络的复杂性，是指在较大的网络尺度之下，些微的结构特征改变，可引发网络上涌现式的群体状态变化。而这种涌现过程，即使非常快速，也具有细微而丰富的过程。例如，同步并不是在所有节点间同时发生，而是在各个紧密的集团内部先形成局部同步，再由集团间的相互牵引，引发全局同步。其他的网络动力学现象亦有这样的"先局部再全局"的特点。反过来说，在全局同步之前，局部同步总是发生在结构紧密的小团体中。而笔者通过一系列的理论和实验论证，证实了这一现象的必然性和客观性。因此，我们可以尝试构造一种对邻接矩阵 A 进行深度挖掘的"预处理"算法，挖掘网络中未通过连边显现，而实际存在的紧密结构。

我们首先回顾一下在第3章中学习过的Kuramoto模型，它基于平均场理论，模拟各类动力系统中的个体（节点）相互进行状态影响的过程：

$$\frac{\mathrm{d}\theta_i}{\mathrm{d}t} = w_i + \frac{K}{N}\sum_{j=1}^{N}\sin\left(\theta_j - \theta_i\right) \tag{5.8}$$

式中，θ_i 为节点 i 在时刻 t 的状态/相；w_i 是它在不受外力干扰下的自然频率；$\frac{K}{N}$ 为耦合系数，体现在网络模型中则为节点间的相互影响力。

我们在图5.5和图5.6中展示了由Arenas等人的经典文献"Synchronization in Complex Network"系列工作中的模拟实验。图5.5展示了一个具有5个较明显社团结构的网络。使用式（5.8）中的动力学驱动网络状态的演化，可从图5.6的状态变化图中观察到：在全网发生同步之前，网络上出现了明显的基于社团的局部同步；而局部同步之间合并的次序，也与社团之间连接的紧密程度相关。

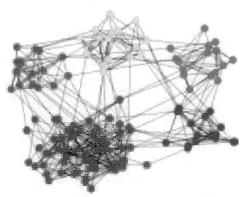

图5.5 含有五个社团结构的网络[①②]

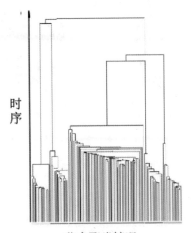

图5.6 局部同步与全局同步[③]

---

① Arenas A, Diaz-Guilerab A, Prez-Vicente C J. Synchronization processes in complex networks [J]. Physica D, 2006, 224 (1): 27–34.

② Arenas A, Diaz-Guilera A, Moreno Y, et al. Synchronization in complex networks [J]. Physics reports, 2008, 469 (3): 93–153.

③ 同①。

如果大家对我们在第2章中提及的谱分析方法感兴趣，不妨设想一下，这样的结构是否在特征空间中具有对应的现象呢？

笔者使用Matlab，为读者模拟了一个简单的32个节点网络上的同步现象。这个网络上有4个明显的社团结构。在社团中，每个节点规则地与它的两个左邻居和两个右邻居相连。而在社团之间，仅有一条连边维持网络的连通性。每个节点被赋予随机初始状态 $x_i \in (-1,1)$，连边权值一概为1。我们使用第3章中的同步方程驱动网络状态演化，并在图中记录 $(x_i - x_j)$ 数值。可观察到图5.7中的节点状态差值演化图，在网络完全同步之前，节点以8个为一组呈现了局部状态一致，与我们标记的网络结构完全一致。

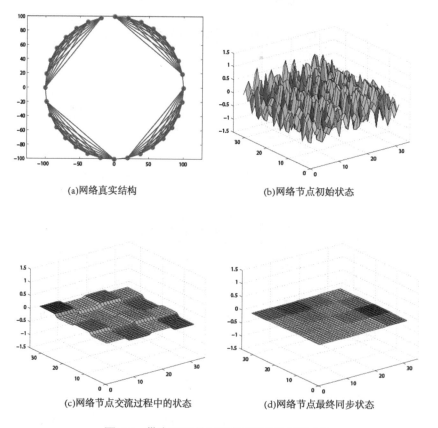

(a)网络真实结构　　　　　　　　　(b)网络节点初始状态

(c)网络节点交流过程中的状态　　　　(d)网络节点最终同步状态

图5.7　带有明显社团结构的网络同步过程

5.3.2　基于网络动力学的社团挖掘预处理 DP 算法

我们是否可以直接将前文中的涌现过程视为一种新的社团挖掘方法呢？不可否认，它能够在一定程度上挖掘某些看似没有连边，但实际上通过多个共同邻居连接的节点对，从而发现一些簇内簇系数较高的节点群体。但在计算机科学或其他领域的任务中，一个完整的聚类/社团挖掘算法，对于类/社团的个数、均衡性等都有明确的要求，而这是动力学过程里未必能够明确显现的参数。

本书建议将动力学的挖掘过程，作为同质性网络社团研究的预处理过程，称为dynamical preliminary（DP）算法。由DP算法生成一个新的邻居矩阵，作为谱分析、局部搜索或其他学习类算法的输入，由此降低各类算法的初值敏感性并提高精度。具体过程如下。

输入：原始邻接矩阵 A；局部同步阈值 m；节点状态差异阈值 $T \in (0,1)$。

输出：去同质化后的替代邻接矩阵 $\tilde{A}$。

步骤 1：对每个节点随机赋一个初始状态值 $x_i \in (-1,1)$。

步骤 2：使用式（5.8）或第3章中的动力学过程，以常微分方程驱动网络上的状态演化，记录每个节点在时刻 t 的状态值；

步骤 3：在网络状态呈现出局部同步而未达成全局同步的时刻，即网络中有超过 m 个节点的 x_i 相等时，观察状态差值比 $\dfrac{x_i^t - x_j^t}{x_i^0 - x_j^0}$，若小于 T 值，则 $\tilde{A}$ 中对应元 $\tilde{A}_{ij} = \tilde{A}_{ji} = 1$，否则为 0；

步骤 4：调整 m 或 T，记录不同参数情况下的 $\tilde{A}$。

在这个算法中，使用者可以调节参数 m，来获取类似如图5.7中的多层分类情况，观察网络中由小至大的社团结构，基于大社团是由小社团构成的这一理念，挖掘网络中的层级结构。当研究者通过DP算法得到 $\tilde{A}$ 后，即可如常展开各类社团挖掘算法。在前文提供的观察中，我们可以发现，虽然大多数社团挖掘算法对于初值都是敏感的，但相较之同质化网络，社团挖掘算法具有鲜明社团结构的异质化网络挖掘过程，更易收敛于接近真相的计算结果。因此，改良邻接矩阵和挖掘内在关联，对于这一研究体系

是十分有必要的。

感兴趣的读者可以做一个简单的编程实验，来观察DP算法：生成一个规则网络，按照 $P \in [0,1]$ 的概率对每条边进行断边重连，随着 P 值增大，网络会经历"同质—异质—同质"的变化。我们可以任意记录不同 P 值下的若干网络，运行DP算法，以此来观察DP算法的稳定性。

5.3.3　一个来自 UCL 的真实网络案例

为了方便读者对网络和社团结构有直观的认识，笔者以数据调研和调查问卷的形式，展示了一个真实的小型社会网络。数据来源于RALIC（Replacement Access of Library and ID Card），指的是在伦敦学院大学（University College London，UCL）中进行的一次关于学生对于校园卡系统权限的问卷调查行动，目的在于询问学生是否支持将图书馆门禁功能集成到校园卡中，问卷由一系列问题构成，但输出结果应为"YES"或"NO"形成的二分类数据集。

作者随访了参与调研的所有人员中的76名，并咨询了他们之间的社交关系（如Facebook相互关注、隶属于同一个课程班级等），社会关系将作为网络连边的数据。如果两个节点经由多个途径发生连接，则提高对应连边权重。但权重数据不用于接下来的社团挖掘，仅用于结果比对。在图5.8中可见初始状态下的RALIC网络。

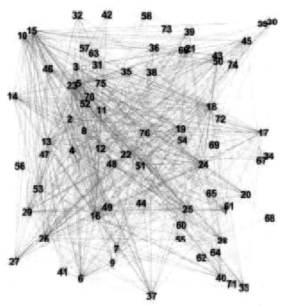

图5.8　RALIC网络

我们将用这张网络对应的邻接矩阵 A 和经过DP算法预处理的 $\tilde{A}$，分别运行一般谱聚类。我们首先利用原始网络的拉普拉斯特征谱确定了网络的社团个数为4。

在算法的设计与实施过程中，我们并未刻意追求类别大小的均衡性。这是因为该网络本身具有显著的随机性，使得节点之间的连接度差异并不显著，进而呈现出一种由随机性驱动的同质性。在图5.9的聚类结果中，我们观察到了谱聚类算法中常见的非均衡划分现象：其中一些连接度相对较低的节点，基于最小割原则，被划分在了规模较大的集团之外。这一结果引发了我们对于其是否能真实反映网络结构的深入思考。

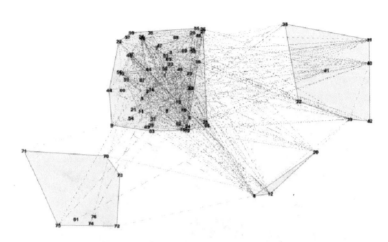

图5.9 由一般谱聚类生成的社团划分

　　为了进一步优化聚类效果，我们采用了DP算法对RALIC网络的邻接矩阵进行了改良，并再次执行了谱聚类算法。图5.10展示了经过DP算法处理后的网络划分结果。通过对比，我们可以清晰地看到，虽然两种划分方法在一定程度上均捕捉到了网络中的社团结构，但DP算法下的社团划分更为均衡，避免了过于极端的非均衡切割。更重要的是，图5.10中的社团结构与我们在前期调研中了解到的人群节点内部关联情况高度吻合，进一步验证了DP算法在优化网络聚类效果方面的有效性。

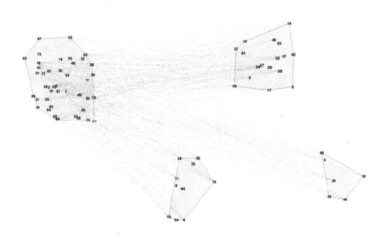

图5.10 由DP算法预处理后的谱聚类

在图5.11中，我们观察了DP算法里，节点之间的相（phase）同步的色谱。我们可观测到两个内部结构极其紧密的较大社团，和其他两个较为松散但仍然具有较高内连接密度的社团，这与我们的数值模拟和聚类分析是完全一致的。

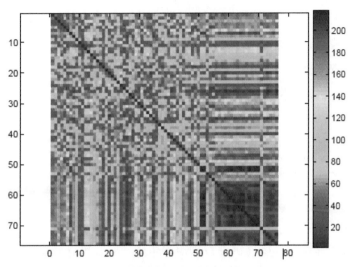

图5.11　动力学过程中节点对之间的状态差异图

在大多数社会学和心理学的实证中，我们会发现，大量的人类群体对于某个社会事件或决策行为的看法，在宏观上呈现多样性，而在小型的群体，如家庭、社区、工作场所、兴趣社团等内部，呈现一致性。这种现象对应着群体动力学，代表了局部同步。如果我们留心历任美国总统选举的过程，会发现，人群对于某一个选举者的看法，并不是以独立同分布的形式出现在每个州内，而是在某个州内存在压倒性的观点。而选举者所做的努力，是尽量促成局部同步局势的扩大，并尽量向全局同步靠拢。

我们在本章中提出的模型，对于群体动力学具有很强的建模和预测意义。

5.4 一种均衡切割的新方法

我们在5.3节中提出了一种改良的邻接矩阵 $\tilde{A}$，相较之同质化较强的邻接矩阵，更易于在各种类型的社团挖掘或聚类算法中体现出收敛性。接下来，我们提出一种均衡划分网络的新方法，它与前文中的谱聚类有着类似的底层逻辑，但可同时适用于非学习类的场景和机器学习类的任务，具有较好的拓展性。5.3节和5.4节为大家提供了一种计算复杂度低、精度高、泛化能力强的网络挖掘理论。

在机器学习中，聚类算法由以下步骤构成。

训练：通过历史数据训练得到一个聚类模型，该模型用于后面的预测分析。需要注意的是，有的聚类算法需要预先设定类簇数。

预测：输入新的数据集，用训练得到的聚类模型对新数据集进行预测，即分堆处理，并给每行预测数据计算一个类标值。

可视化操作及算法评价：得到预测结果之后，可以通过可视化分析反映聚类算法的好坏，如果聚类结果中相同簇的样本之间距离越近，不同簇的样本之间距离越远，其聚类效果越好。同时采用相关的评价标准对聚类算法进行评估。

该类算法通过多次迭代调整模型本身，在完成聚类任务的同时，得到一个具有进一步完成更多数据任务的模型。它的核心机制在于"学习"，而不是像我们前文中的经典算法，多为一过式计算。但其基本逻辑，也就是"学习"的目标本身，仍然是基于数据（此处特指网络数据）的结构，也就是邻接矩阵。

大多数的学习类算法，仍然围绕着"最小割"和"K-Means"展开。例如，PCA是在将高维数据降维之后，再进行基于距离的类划分，而其背后的机制，与我们在5.1小节中阐述的"切割"理念是一致的。也就是说，对于聚类问题（本节中的社团挖掘问题），我们可以从多个角度进行阐述，但其本质，都是对于邻接矩阵和拉普拉斯矩阵的特征空间的解析。对于大多数网络的特征谱来说，找到k个与其他特征值之间呈现显著eigcngap的最小特征值，则k为一个网络最恰当的社团划分个数。而我们将用以下函数来控制社团尺寸的平衡：

$$s_c\left(C_1,\cdots,C_k\right)=\sum_{i=1}^{K}\frac{\left(C_i,\overline{C_i}\right)}{\left|C_i\right|} \qquad (5.9)$$

式中，C_i为第i个社团，$\left|C_i\right|$为C_i内的节点数，$\overline{C_i}$为C_i的补集，$\left(C_i,\overline{C_i}\right)$则表示$C_i$与补集间的连边数。

在这样的多分类问题中，我们将执行两个任务：令社团内的平均路径最小化；令社团间的尺寸平衡。并通过以下的方法交叉多次完成这两个任务。

首先，我们需要建立一个目标函数：

$$J=\sum_{1\le p<q\le K}s\left(C_p,C_q\right)+s\left(C_q,C_p\right)=\sum_{k=1}^{K}s\left(C_k,\overline{C_k}\right) \qquad (5.10)$$

式中，K为社团个数，在算法开始的时候人为设定。同上，C_k为第k个社团，$\overline{C_k}$为其补集。关于各类算法中的簇个数K，一般作为输入参数。如果数据没有标签的话，K值具有主观性。笔者建议，在数据量不太大的情况下，如果研究者打算进行非学习类的计算，可以通过观察特征值初步判定K值；如果是TB或以上的大数据，则可通过一定的抽样技术获取独立同分布的样本，对类数进行判定。当然，在大数据的挖掘中，学习类算法具有相当的优势，可以将K值也作为类的对象，在训练过程中调整。

用$s\left(G_1,G_2\right)$描述网络G的两个真子集（G_1和G_2）之间的连边关系：

$$s\left(G_1,G_2\right)=\sum_{i\in G_1}\sum_{j\in G_2}A_{ij} \qquad (5.11)$$

利用这一概念，我们可以定义社团内的路径/距离d_i：

$$d_i=\sum_{j}A_{ij} \qquad (5.12)$$

接下来，我们需要为这 K 个社团分别找到对应的中心点 q_k：

$$q_k = (0,\cdots,0,1,\cdots,1,0,\cdots,0)^{\mathrm{T}} \tag{5.13}$$

在式（5.13）中，展示了围绕 q_k 的社团内部的连接情况。社团初始中心点的选择是该类课题的又一个重要细节。在前面的研究中我们已经发现，对于初值敏感的算法来说，初始点会很大程度上影响我们的聚类结果，而贸然选择度较大的节点作为初始中心点，则容易导致将确实尺寸较小的簇强行划入大型簇中。因此，很多算法会在寻找簇和维持平衡这两个基础之上，加入第三个任务：调整中心点。

结合前文的定义，我们可以得到关于社团结构的矩阵表达：

$$s\left(C_k,\overline{C_k}\right) = \sum_{i\in C_k}\sum_{j\in\overline{C_k}} A_{ij} = q_k^{\mathrm{T}}\left(D-A\right)q_k \tag{5.14}$$

式中，D 为以 d_i 为第 i 行对角元素的对角矩阵，其中

$$\sum_{i\in C_k} d_i = q_k^{\mathrm{T}} D q_k \tag{5.15}$$

可知 q_k^{T} 的作用等同第 k 个特征值的特征向量。由此得到接下来的定义：

$$s\left(C_k,C_k\right) = q_k^{\mathrm{T}} A q_k \tag{5.16}$$

在此基础之上，我们可以重新描写式（5.10）中的目标函数：

$$J = \sum_{k=1}^{K} q_k^{\mathrm{T}}\left(D-A\right)q_k \tag{5.17}$$

如果我们以网络划分/社团挖掘/聚类为关键词去搜索各类最新或最经典的文献，会发现绝大多数算法的目标函数都是以式（5.17）中的谱划分为底层逻辑的。在此问题中，我们需要兼顾社团尺寸的平衡，但也要思考另一个问题：在真实网络中，社团是否都是以绝对均衡的状态存在的？例如地球上的人口密度，也并不是按照行政区域平均分布。因此，在讨论平衡性之前，我们需要深刻思考平均划分的必要性。维持社团尺寸平衡的意义，在于对抗初值敏感带来的算法不稳定性，而不是强求一致以至于违反

了自然规律。那我们怎么样灵活地控制稳定性和必要性之间的平衡呢？在接下来的研究里，我们试图引入Lasso模型的思想，将exclusive lasso这一工具加入我们的社团优化过程，来实施更加客观理性的社团挖掘，并为学习类算法提供可拓展的理论基础。

首先定义社团类标矩阵 $F \in R^{7 \times 6}$，式中 N 为网络上的节点数，k 为社团个数：

$$
\begin{pmatrix}
1 & 0 & 0 & 0 & 0 & 0 \\
1 & 0 & 0 & 0 & 0 & 0 \\
1 & 0 & 0 & 0 & 0 & 0 \\
0 & 0 & 0 & 1 & 0 & \cdots \\
0 & 0 & 0 & 1 & 0 & \cdots \\
0 & 0 & 0 & \cdots & \cdots & 1 \\
0 & 0 & 0 & \cdots & \cdots & 1
\end{pmatrix}
$$

F 中的每一列可视式（5.13）中的 $\boldsymbol{q}_k$，其中：

$$
f_{ij} = \begin{cases} 1 & \text{如果节点} i \text{和} j \text{在同一个类里} \\ 0 & \text{其它情况} \end{cases} \tag{5.18}
$$

接下来，我们引入一个正则式来控制不同社团中节点的复杂性。社团之间，对于还未被分配的节点具有竞争关系，当一个节点被纳入某个社团，则在其他社团中标识为0（可见前文中的 $\boldsymbol{F}$ 矩阵）。每一列代表一个社团，则行和必然为1。以式（5.19）为目标函数，是一种朴素的社团尺寸均衡控制。

$$
\|F\|_e = \sqrt{\sum_{j=1}^{c} \left(\sum_{i=1}^{n} |f_{ij}| \right)^2} \tag{5.19}
$$

在式（5.19）中，我们使用1范数来表达社团内的密度，而使用2范数来表达社团间的密度，理论原因在于1范数倾向于获得一个稀疏的解，则社团内部不会出现过多的节点。这种方法可以通过对 $\boldsymbol{F}$ 矩阵中的1元素赋值拓展到加权图中。

我们有必要注意一个细节，虽然当前几乎所有聚类算法都是以邻接矩阵为输入、以边切割为过程的，但我们得到的输出是若干点集，就像大多数网络科学中的研究一样，是基于点的研究。那我们不妨进一步思考，利用类似的算法体系，可否实现基于边的社团划分呢？当然，在此处，我们将继续我们的点集划分。式（5.20）向我们展现了一个含有拉格朗日惩罚因子的目标函数：

$$L(x) = f(x) + \lambda h(x) \tag{5.20}$$

以此作为对于 $\min\limits_{x} L(x, \lambda^*)$ 的替代。我们可以在各类微积分教材中学习拉格朗日乘子法的基本构成。x 作为 $f(x)$ 这个目标函数的变量，需要同时满足 $h(x) = 0$ 的约束条件。为了便利地使用梯度下降求解 $f(x)$ 的最小值，我们利用拉格朗日乘子 λ 将目标函数与约束条件进行整合，形成新的目标函数 $L(x)$，通过对于 x 和 λ 分别求导，得到 $L(x)$ 的最优解，以及对应的参数取值。

在这个过程中，为了解决 λ 值的边界问题，我们需要引入一个惩罚机制，称为增广拉格朗日（augmented Lagrangian）：

$$A(x, \lambda, r) = L(x, \lambda) + \frac{1}{2} \sum_{i=1}^{l} r_i h_i(x)^2 \tag{5.21}$$

式中，r_i 为第 i 个惩罚参数，在逐步优化 r_i 和 λ 的过程中，求解 $A(x, \lambda, r)$ 的最优解。

回到类标矩阵 $\boldsymbol{F}$，它的Lasso表达式写为

$$\|\boldsymbol{F}\|_e = \mathrm{Tr}\left(\boldsymbol{F}^T 1 1^T \boldsymbol{F}\right) \tag{5.22}$$

可观察到式（5.22）中的方程值，是每个类中节点个数的平方和。那么通过式（5.23）中朴素的数学证明，我们不难发现，$\|\boldsymbol{F}\|_e$ 优化的过程是尽可能地让每个类中的节点个数均衡。

$$\left(a_1^2 + a_2^2 + \cdots + a_k^2\right)\left(b_1^2 + b_2^2 + \cdots + b_k^2\right) \geq \left(a_1 b_1 + a_2 b_2 + \cdots + a_k b_k\right)^2 \tag{5.23}$$

接下来，无论是网络数据，还是其他类型的数据集，都可以根据一定的计算规则（如距离计算等）得到一个类似于网络邻接矩阵的关系矩阵 $\boldsymbol{A}$。

我们在全书多次表达过网络不但是一种客观存在，也是一种对其他数据的描述方法。但由于本节中我们的研究对象为网络和网络社团，因此下文中我们仍然称 A 为邻接矩阵。

$$A_{ij} = \begin{cases} e^{\left(-\dfrac{\|x_i - x_j\|^2}{\delta^2}\right)} & \\ & \text{节点} i \text{和} j \text{具有} k \text{近邻关系} \\ 0 & \text{其它情况} \end{cases} \quad (5.24)$$

式中的 δ 用来控制网络中对于邻居节点的定义。

基于 A 和 F ，我们的聚类和均衡两个任务在式（5.25）中得到了表达：

$$\min_{F \in \text{Ind}} \boldsymbol{I}^{\mathrm{T}} A 1 - \mathrm{Tr}\left(\boldsymbol{F}^{\mathrm{T}} A F\right) \quad (5.25)$$

再将Lasso惩罚机制引入其中，可以得到

$$\max_{F \in \text{Ind}} \mathrm{Tr}\left(\boldsymbol{F}^{\mathrm{T}} A F\right) - \gamma \|\boldsymbol{F}\|_e \quad (5.26)$$

又可写为

$$\max_{F \in \text{Ind}} \mathrm{Tr}\left(\boldsymbol{F}^{\mathrm{T}} A F\right) - \mathrm{Tr}\left(\boldsymbol{F}^T \gamma 1 \boldsymbol{I}^{\mathrm{T}} \boldsymbol{F}\right) \quad (5.27)$$

出于一种求取最小值的习惯，我们将这个目标函数写为等价问题：

$$\min_{F \in \text{Ind}} \mathrm{Tr}\boldsymbol{F}^{\mathrm{T}}\left(\gamma 1 \boldsymbol{I}^{\mathrm{T}} - A\right) \boldsymbol{F} \quad (5.28)$$

此处，我们引入一个新的矩阵 $\boldsymbol{G}$ ，初始状态下 $\boldsymbol{G} = \boldsymbol{F}$ ：

$$\min_{F \in \text{Ind}, G, F=G} \mathrm{Tr}\left(\boldsymbol{F}^{\mathrm{T}}\left(\gamma 1 \boldsymbol{I}^{\mathrm{T}} - A\right) \boldsymbol{G}\right) \quad (5.29)$$

则目标函数可以写为

$$\min_{F \in \text{Ind}, G} \mathrm{Tr}\left(\boldsymbol{F}^{\mathrm{T}}\left(\gamma 1 \boldsymbol{I}^{\mathrm{T}} - A\right) \boldsymbol{G}\right) + \frac{\mu}{2}\left\|\boldsymbol{F} - \boldsymbol{G} + \frac{1}{\mu}\wedge\right\|_F^2 \quad (5.30)$$

在接下来的优化过程中，我们交替优化 G 和 F ：

$$\mathcal{L}(G, \mu) = \mathrm{Tr}\left(F^{\mathrm{T}}\left(\gamma 1 1^{\mathrm{T}} - A\right)G\right) + \frac{\mu}{2}\left\| F - G + \frac{1}{\mu}\wedge \right\|_F^2 \qquad (5.31)$$

首先，我们对 G 进行梯度计算：

$$\frac{\partial \mathcal{L}(G, \mu)}{\partial G} = F^{\mathrm{T}}\left(\gamma 1 1^{\mathrm{T}} - A\right) - \mu\left(F - G\right) - \wedge = 0 \qquad (5.32)$$

得到新一轮的 G 值如下：

$$G = \frac{1}{\mu}\left(\wedge - F^{\mathrm{T}}\left(\gamma 1 1^{\mathrm{T}} - A\right)\right) + F \qquad (5.33)$$

接下来，我们再以 G 为确定值对 F 展开优化，过程与前文是类似的：

$$\frac{\partial \mathcal{L}(F, \mu)}{\partial F} = \left(\gamma 1 1^{\mathrm{T}} - A\right)G + \mu\left(F - G\right) + \wedge = 0 \qquad (5.34)$$

得到新一轮的 F 值为

$$F = -\frac{1}{\mu}\left(\wedge + \left(\gamma 1 1^{\mathrm{T}} - A\right)G\right) + G \qquad (5.35)$$

在每一轮的最后，我们需要迭代更新 $\wedge = \wedge + \mu\left(F - G\right)$，并再次由式（5.31）出发，进行新一轮的迭代，直至算法收敛。

接下来，我们将用一个经典的数据集——双月（two moon），来验证我们的理论体系。如图5.12所示，这并不是一个网络数据集，而是以类标的形式给出了原始数据的关系矩阵。很多对于社团挖掘/聚类的研究都曾使用过这个二分类的数据集来论证自己的算法的有效性。这样结构鲜明的数据集，一样存在对于初值敏感的问题。例如，局部搜索类的所有算法在初始中心点选择的时候，如果两个中心点分别来自红色社团和蓝色社团，则基本上聚类精度都较高；而如果在随机选择初始中心点过程中，两个中心点来源于同色的社团，则聚类精度极低，且中心点的优化很难跳出局部最优解。

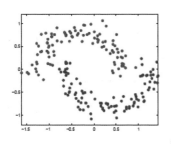 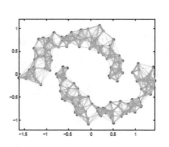

图5.12　双月数据集

我们可以尝试使用5.3节中的DP算法显化数据集的关系矩阵，并使用5.4节中的算法进行社团挖掘。在本书的实验中，输入参数设置如下：$\mu=10^8$，$\delta=1$，γ 将被分别设置为 10^{-6}、10^{-4}、10^{-2}、10^{0}、10^{2}、10^{4}、10^{6}，依次进行实验。

从实验的结果看，在多种参数的选择下，前文中的算法都获得了100%的精度，我们将其中一次实验结果展示于图5.12的右侧。

5.5　总结

在本章中，我们探讨了网络科学中的一个重要命题：网络社团的挖掘原理与方法。我们在此处描述的网络，不仅是自然与社会中一种数据的存在方式，也是对各类非网络数据的建模方式，即将数据个体作为节点、数据间的距离作为连边，形成的模型。近年来，距离计算这一课题有了长足的发展，各种不同类型的数据都有机会被抽象成网络来进行观察和研究，而网络社团发现的使用场景更加广泛。

在这一领域中，我们拥有了一些成熟的理论和方法，并对方法和数据类型的适配性有了深刻的认知。当前，在这一领域，仍然有一些兼具了趣味性和实用性的研究方向，有待学者们从不同的知识领域进一步探索。

首先，在大多数的社区发现/聚类等算法中，类的个数是作为已知参量给定的。但很多场景的数据挖掘并没有关于类数的信息，对算法造成了障碍。当数据量不大的时候，我们可以用前文提及的eigengap来观察网络中可能出现的较大社区个数，但是在当前的大数据场景中，特征空间计算成本太高，而大型社区的个数也不能完全代表所有类的个数。如何能利用数据本身的结构自然形成合理的类个数，是一个急需解决的理论研究方向。

其次，随着人工智能的兴起，各类机器学习任务都可以通过神经网络来进行训练，但神经网络中的参数对于数据集具有唯一性，能否建立具有迁移能力的聚类算法，将成为传统算法过渡到学习类算法的若干重要课题之一。

最后，作为网络科学的研究者，笔者想邀请读者共同思考这样一个问题：在经典的图论中，各类方法往往是基于点展开的，如社区的划分，以及前文中我们的各类动力学模型中的相态研究等。那么有没有可能，我们找到一种基于边的网络挖掘模式呢？在第6章中，我们试图建立一种基于边研究的子图挖掘模型，来拓展我们对于网络研究的方法体系。

第6章　网络分形与子图挖掘

6.1　分形，以及广义的自相似

物理学家惠勒（1911—2008年）曾说过："谁不知道熵概念就不能被认为是科学上的文化人，将来谁不知道分形概念，也不能称为有知识。"①

在自然界中，存在着大量传统欧几里得几何学所不能描述的一大类复杂无规的几何对象，如蜿蜒曲折的海岸线、高低起伏的山脉、凹凸不平的断面、变幻无常的浮云、迂回曲折的河流、纵横交错的血管、令人眼花缭乱的满天繁星等。它们的特点是，极不规则或极不光滑。而当"分形几何"作为一门独立于传统几何学的学科被创立后，这些神奇的自然现象便可被纳入分形现象中。分形，本意指破碎的、不规则的，如图6.1所示。尽管在过去的数百年中，人们用一种朴素的观察在自然界里发现了各式各样的分形现象，但学界一般认为，分维和分形几何的设想是1973年曼德勃罗（Benoit Mandelbrot）在法兰西学院讲课时首度提出的。

---

① John A W. 我们的宇宙——已知与未知［R］. 美国科学促进会演讲，1967.

图6.1 神秘而美丽的分形现象

从整体上看，分形几何图形是处处不规则的。例如，海岸线和山川形状，从远距离观察，是极不规则的。在不同尺度上，图形的规则性又是相同的。海岸线和山川形状，从近距离观察，其局部又和整体形态相似，它们从整体到局部，都是自相似的。当然，也有一些分形几何图形，它们并不完全是自相似的，其中一些是用来描述一般随机现象的，还有一些是用来描述混沌和非线性系统的。

曼德勃罗对分形进行了一系列数学的定义，各位读者可以在大量相关的文献中找到这些细节。然而，本章中，我们并不会特别关心这些严密的论证，而是要向读者展现以分形为代表、广泛地出现在自然和人类社会中的自相似现象。

当然，为了后文中的推导得以顺利进行，我们会在这里简单介绍一下分形中的维数概念。传统数学中，人们习惯使用整数描述几何客体，例如，正方体有六个面等。但是一百多年前，随着几何学者对于欧几里得几何体系的突破，似乎整数已不足以完成我们对于几何客体的描述。例如，著名的Koch曲线，在1维下测量任意段长度为无穷大（想象中，考虑到能测量原子的维度），在2维下测量面积为零；Sierpinski三角形的图形面积为零等。这一类的迷思，在20世纪，被美国数学家曼德勃罗解决。曼德勃罗提出[①]：并非所有的几何客体都存在于维数为整数的空间中，整数也并非唯一的度量模式。维数不应该仅仅是整数，可以是任何一个正实数；只有在几何对象对应的维数空间中，才能对该几何体进行合理的整体或局部描述。以Koch曲线为例，其维数约为1.26，我们应用同样为1.26维的尺子对其进行描述，比如取该曲线前 $\frac{1}{4}$ 段作为单位为1的尺子去丈量这个几何体，此几何体长度为4。也正是因其维数介于1维与2维之间，所以此几何体在1维下长度为无穷大，2维下面积为零。这一发现，丰富了我们对于真实世界中各类非欧式几何问题的描述、度量、解析体系。

本书为读者列举一些分形学发展史上的重要里程碑，以供感兴趣的读者在这一领域进行深入的阅读和开发。

1872年，Cantor集合被创造。

1895年，Weierstrass曲线被创造，此曲线特点是"处处连续，点点不可微"。

1906年，Koch曲线被创造。

1914年，Sierpinski三角形被创造。

1919年，描述复杂几何体的Hausdorff维问世。

1951年，英国水文学家Hurst通过多年研究尼罗河，总结出Hurst定律。

1967年，Mandelbrot在《科学》杂志上发表论文"英国的海岸线有多长"。

1975年，Mandelbrot创造"Fractals"一词。

1977年，Mandelbrot在巴黎出版法文著作《Les objets fractals：forme，hasard et dimension》。

---

① Schwarzenberger R. Fractal geometry：mathematical foundations and applications，by Kenneth Falconer. Pp 288. £19·95. 1990. ISBN 0-471-92287-0（Wiley）［J］. The Mathematical Gazette，1990，74（469）：288-317.

1977年，Mandelbrot在美国出版英文著作《Fractals：From，Chance，and Dimension》以及《The Fractal Geometry of Nature》。

笔者受到分形科学的启发，发现在广大的自然界和人类社会中，网络的增长往往是以一种自复制、自相似的形式发生。如果可以借鉴于分形科学，找到一种对于超大型网络增长模式归纳的理论方式，那么就可以用于当前科学界的热门课题：大数据的挖掘，尤其是网络大数据的挖掘。

广义的自相似性是指复杂网络中的某些特征在不同尺度上表现出相似的性质。这意味着无论是放大还是缩小复杂网络的某一部分，我们都能够发现在不同尺度下，这部分的结构或性质以某种比例复制自身。换言之，复杂网络在不同尺度上展现出一种统一的、重复的结构模式，这种特性被称为自相似性。自相似性在复杂网络中十分常见，特别是在大规模网络中，如社交网络、生物网络、信息网络等。例如，在社交网络中，我们可能会观察到类似的社交群体结构在不同尺度上都存在，并且这些结构可能会在更小的范围内以类似的方式重复出现。同样，在生物网络中，蛋白质相互作用网络可能表现出自相似性，即某些蛋白质互作网络在不同尺度上都呈现出类似的模式和特征。

自相似性的存在意味着复杂网络具有一种一致的结构规律，这种规律不受尺度变化的影响，因此在不同尺度下都能观察到相似的网络特征和结构模式。这对于理解和分析复杂网络的特性、行为和演化过程具有重要意义，有助于揭示网络中的潜在规律和机制。

自相似性不仅仅是表面上的形态相似，而且可以体现在网络的统计特性上，如度分布、群聚系数等，这些特性在不同尺度下都能够保持一定的规律和比例关系。自相似性的存在意味着在理解和描述复杂网络时，我们可以借助尺度变换来考察不同层次上的网络结构，从而更全面地理解其内在规律。

6.2　大型网络带来的数据挖掘新问题

大数据（big data）是信息技术领域新的战略方向，近年来引起各国政府、学术界和产业界的高度重视。大数据为人类提供了新的宝贵资源，可用于解决社会、经济、文化、环境、健康和科学等一系列重大问题。同时，大数据的普遍出现也给现代信息通信技术带来全方位的挑战，包括大数据的获取、传输、存储、处理、挖掘、分析、安全、隐私，以及在各领域的应用。已有的理论、方法、技术、手段、基础设施等都难以满足大数据的应用需求。可以预见，在大数据时代，通信、数据分析、统计、机器学习、算法等相关领域的理论、方法和技术将不断创新，为我国信息技术领域的发展带来前所未有的发展机遇。

当前，粤港澳大湾区正在形成多中心网络化空间格局，积累海量的超大网络数据。由此，网络大数据（笔者称"超大网络"，即强调数据对象以网络结构存在）成为大湾区，乃至国内和国际的大数据领域重要的研究对象。网络这一定义指现实世界中以节点和连边形式存在的数据对象，如社交网络、通信网络、万维网等。与此同时，网络也可视为对其他类型数据建模的方法：将单个对象视为节点，将对象间的距离视为连边上的权重，利用图论中的谱方法，对数据进行刻画和分析，如基因数据、购物数据等。

随着数据挖掘成本的降低，超大规模网络和含超高维特征节点的网络大量涌现。传统方法在应对这类研究时存在以下困境。

（1）规模困境：网络上节点对象的数量不断增加，在对象超过千万数量级后，对象的属性矩阵将形成几百GB的数据，甚至达到TB级别。目前对TB级数据可做查询分析，但对于推理和建模，已有的方法和技术面临巨大挑战。

（2）维度困境：在利用超高维特征表达节点时，计算复杂度高；且当节点维度过高时，以欧氏距离为代表的常规距离计算不敏感，节点对象差异难以体现，进而影响后续机器学习精度。

（3）模型困境：基于平均场理论的网络描述方法中，无法使用常规统计手段或深度神经网络等方法学习参数，从统计物理学的角度说，用来表征图（graph）和网络（network）的统计值如平均路径、簇系数、Pierson系数等参数之间相关系数高，使用常规统计方法和学习方法会导致较大偏差。

大数据理论的形成，旨在观察数据整体。巨大的数据量可以修正数据中明显的偏差，较之随机抽样分析具有更好的精确度。但大数据对于数据整体的描述能力无法测量，而对于计算时长和计算机算力的依赖能力极强。目前，在产业界，分而治之是大数据分布式并行处理普遍采用的策略，其步骤是将大数据文件切分成小的数据块文件，分布式地存储在集群节点上。对大数据分析时，先在每个节点上对小数据块进行计算，然后把小数据块的计算结果传送到主节点进行综合分析，得到大数据的分析结果。采用随机样本数据对大数据做统计估计和建模是大数据分析的有效途径。但是，对分布式大数据做随机抽样/划分需要对大数据的分布式数据块文件进行遍历才能获得随机样本数据，大量的磁盘读写操作和节点间的数据通信令计算成本过高。如果大数据的分布式数据块可以直接当作样本数据来用，大数据的随机抽样操作就不需要了。但是，当前的大数据分布式数据块（即HDFS（hadoop distributed file system）数据块文件中的数据）分布不同，数据块的数据分布与大数据本身的数据分布也不同，简单地将数据块当作大数据的随机样本数据使用，会产生统计意义上不正确的结果。

针对当前大数据分析的技术瓶颈，笔者拟提出一种新的数据分块、数据预测与集成方案，获取有效的小型数据分块，令小型数据块的样本数据分布与整个大数据的样本数据分布保持一致，既可以实现对数据整体的认知，也可以在算力不足或时间有限的情况下进行基于小型数据分块的快速计算。

　　相比较上文中提出的一般大数据，网络大数据存在新的挑战。网络中包含节点和拓扑结构两种信息。其中，节点类似于普通大数据中的个体数据对象，而节点间的连边所形成的拓扑结构，是网络数据独有的重要特征。一直以来，经典的大数据方法多是基于数据对象的属性进行分类和描述，如果将该类方法直接应用于网络数据，会损失重要的结构特征。因此，网络数据亟须兼顾节点与拓扑信息的分块与集成技术。

　　笔者发现，许多真实世界的网络都具有通过节点的模块化方式增长的特征。通过迭代自重复连接的分支，以构建更大的分支。这些网络在所有长度尺度上的模式具有自相似性。例如WWW、蛋白质相互作用网络等。与此同时，这种增长模式令网络上涌现了一些统计物理特征，例如，小世界属性、幂律或无标度分布连接方式和模块化结构。这些统计物理属性在网络模块化增长过程中的变化，具有可预测性。因此，笔者认为，自相似网络的分支可以成为网络整体的合理子图（合理抽样）。而对一般网络，如果将其视为最小自相似模块以自复制方式逐步相连的增长网络，找到合理手段将其近似为自相似结构，通过盒覆盖的方式找到网络中类似于自相似分支的局部，就可以挖掘一种子图，具备原图的统计属性和分布特征，笔者称为"自相似子图"，亦即上文中提到的大数据划分中的"数据分块"。

　　笔者将以上发现称为自相似逼近理论，并基于这种思路对网络数据进行子图挖掘与渐近式集成，解决超大网络分布式计算的扩展性问题，基本思路如下：将网络逼近为具有自相似属性的结构，进行子图挖掘，使子图与原始网络同分布，从而将数据对象—属性矩阵超大数据划分成大量的子集（子图），分布到多个计算节点上，逐步建立集成模型。每一步，在每个节点上随机抽取一个子集，分布式并行计算多个子模型，然后将新建的子模型加入已有的集成模型，组成新模型。每步完成后，用测试数据测试新的集成模型，如果满足精度要求，终止建模，输出模型；否则，进入下一步计算新的子模型。这种渐近式集成学习方法，每一步只用部分数据建立若干子模型，最终的集成模型逐步渐近地完成，当数据很大时，网络数据子集（子图）的数量增大，而每个子集的大小不变，因此对超大网络数据有很好的可扩展性。通过提高单个节点性能和节点数量，可以缩短建模时间，提高建模效率。

笔者将基于自相似理论的超大网络子图挖掘理论研究分为三个阶段。第一阶段：针对标准自相似网络的子图挖掘。首先从理论上分析网络自相似结构与统计物理属性之间共生的关系，证明网络分支作为子图对网络全局的预测能力；在此基础上，提出一种新的子图挖掘算法，通过边关系寻找网络分支，从而实现可调节尺寸的子图挖掘，并设计合理的验证指标，以论证子图挖掘的有效性。第二阶段：针对一般网络的自相似逼近和子图挖掘。通过维数逼近，发现一般网络中的复杂性特征与自相似结构，并确定合理分支的尺寸，从而将第一层级中的子图挖掘算法应用于一般网络。第三阶段：将网络上获取的多个子图进行逐步集成，在每一步观察网络拓扑属性以及节点统计特征，从而确定子图的有效性，以及对超大网络进行分析和观察所需要的最少子图数。

本研究的理论意义：填补理论空缺，完善知识体系。自相似结构和复杂网络，作为独立发展的科学，对网络这一概念的数学描述存在互斥。笔者以网络增长的视角描述网络的结构，证明了自相似结构与常见网络统计物理属性的共存，并证明了自相似网络中的分支与整体在统计物理属性上的数值关系，为子图挖掘奠定了理论基础。另外，笔者还分别提出了一种将未知结构的网络逼近成为自相似网络的方法，以及基于有效子图的渐近集成理论。

本研究的现实意义：建立了一种基于边的子图挖掘思想，在挖掘子图的过程中可以同时保留节点的信息与网络结构的特征。基于该思想，建立了一种全新的算法框架，将无法确定统计属性的一般网络和多种类型的超大网络，逼近为自相似网络，从而通过截取自相似分支获取有效子图，并在此基础上提出了渐近集成式的大数据学习方法。

本研究的预期研究成果将为TB大数据集成学习分布式算法的研究提供新的理论、方法和技术，为大数据分类和预测应用提供新的工具，提高我国在该领域的研究水平。

6.3 基于自相似的子图挖掘模型

6.3.1 相关研究

抽样是数据建模的常用方法，但传统的抽样方法应用于大数据有很大局限性，因此，大数据抽样方法成为新的研究热点。在国外的研究中，维克托·迈尔·舍恩伯格等人提出了"样本=总体"的观点。[1]Wei Fan 等人指出存储大数据需要占用大量的空间资源，目前主要有两种方法可以防止空间资源成为存储数据的限制：一是压缩，二是抽样。[2]伯克利大学的学者针对大数据提出了自展法小样本集的袋装抽样方法（bag of little bootstraps，BLB），用于大数据统计量和模型的参数估计。[3][4]Milan Vojnović等人将一种基于加权的抽样方法运用到大数据分析的范围分区中，发现这种方法不仅简单而且更有效率，适合人们在实际操作过程中

---

① 舍恩伯格，库克耶. 大数据时代：生活，工作与思维的大变革［M］. 盛杨燕，周涛，译. 杭州：浙江人民出版社，2012.

② Fan W，Bifet A. Mining big data：Current status，and forecast to the future［J］. ACM sigkdd explorations newsletter，2013，14（2）：1–5.

③ Kleiner A，Talwalkar A，Agarwal S，et al. A general bootstrap performance diagnostic［J］. In proceedings of the 19th ACM SIGKDD international conference on knowledge discovery and data mining，2013，419–427.

④ Jordan M I. On statistics，computation and scalability［J］. Bernoulli，2013，19（4）：1378–1390.

使用。①Albert Bifet把大数据处理技术分为两种——抽样和使用分布式系统。②抽样是当数据集太大，并且我们不能使用所有数据的情况下选取一个子集来求得一个近似解。好的抽样方法选择出的子集占用更少的内存，也节约数据处理时间。对于当前最流行的分布式系统，以map-reduce框架为基础，将输入的数据拆分成几个数据集各自处理后进行结合，产生算法的最终输出结果。

在国内研究中，陈阳等人定义了大数据的内涵——容量大、类型多、组织格式宽泛③，可以满足抽样调查在社会治理中对个体信息的获得。米子川等人对非概率抽样中目标抽样、时间地点抽样、滚雪球抽样、马尔科夫过程抽样和同伴驱动抽样分别进行了总结和比较，给出了在互联网大数据中采用目标抽样、时间地点抽样和滚雪球抽样的大概构想，认为进一步地对这些构想进行深入探讨和实证检验是我们今后研究的重点方向。④金勇进等人研究了大数据背景下非概率抽样的统计推断问题，提出了样本匹配样本和跟踪链接法两种非概率抽样方法，专门针对在网络中进行样本选取，而对于非概率样本权数构造与调整可以选择"伪权数"设计、建立模型和倾向得分3种方法，在估计时可以基于"伪设计"、模型和贝叶斯混合概率进行估计，这些方法是让非概率样本向概率样本靠近。⑤不过到目前为止，这些方法还没有形成完善的体系，非概率抽样也没有成熟到可以

① Vojnović M，Xu F，Zhou J，Sampling Based Range Partition Methods for Big Data Analytics［J］.Technical Report，2012.

② Bifet A．Mining big data in real time［J］．Informatica，2013，37（1）：15-20.

③ 陈阳，王乾坤．《智慧社会：大数据与社会物理学》提要［J］．中国多媒体与网络教学学报：电子版，2017，（6）：13.

④ 米子川，聂瑞华．大数据下非概率抽样方法的应用思考［J］．统计与管理，2016，04：11-12.

⑤ 金勇进，刘展．大数据背景下非概率抽样的统计推断问题［J］．统计研究，2016，03：11-17.

解决各种具体的抽样调查问题，这都成为下一步需要进行研究的方向。

关于子图挖掘（网络大数据抽样），在数学领域里对应的科学问题是图论中子图的确定，但图论中的子图仅为数学定义，缺乏对真实数据进行抽样的统计价值和方法论支持。在机器学习领域，相关的问题有图挖掘、频繁子图挖掘等。丁悦等对图挖掘的研究进展进行了总结，图挖掘问题可以细分为图的匹配、图数据关键字查询、图分类、图聚类，以及频繁子图挖掘等。[①]图的匹配是比较图之间的相似性的问题，是图挖掘技术的基础。常用的方法有基于子图同构的方法，也有基于最小公共子图的方法。Kashima等人提出了一种针对节点与边数极多的大型图谱的算法。该方法是基于核方法的分类学习框架，它能非常有效地根据图与图之间的内积把它们映射至特征空间，以计算互相之间的相似度，然后将相似度高的图判定为同类。该方法在化合物属性预测的实验里验证了有效性。[②]Dixit等人列举了一系列在各种情况下常用的频繁子图挖掘算法。gSpan算法首次提出了DFS编码树的概念，这是一种基于图的编码系统。DFS编码包含了图的完整结构信息且同构的图对应相同的最小DFS编码。DFS编码为图挖掘和子图匹配研究提供了有用的工具。[③]

描述一个网络最早要追溯到1736年，欧拉致力于著名的"哥尼斯堡七桥问题"的研究，图形理论由此萌芽。早期图论的研究主要集中于规则网络和随机网络。20世纪五六十年代，匈牙利科学家Erdos与Renyi开创了随机图体系的理论研究[④]，图论为后来复杂网络的研究提供了一种统一的、

---

① 丁悦，张阳，李战怀，等．图数据挖掘技术的研究与进展［J］．计算机应用研究，2012，32（1）：182-190.

② Kashima H，Inokuchi A．Kernels for graph classification［J］．Proceedings of the international workshop on active mining，2002.

③ Dixit C P，Khare N．A Survey of frequent subgraph mining algorithms［J］．International journal of engineering and technology，2018，7：58-62.

④ Erdos P，Ranyi A．On random graphs［J］．Publicationes mathematicae debrecen，1959.

有效的描述复杂网络系统的方法和数学手段，为在数学领域中对复杂网络理论进行研究奠定了基础。在20世纪末，关于复杂网络理论的研究取得了里程碑式的发展与突破。1998年，Watts和Strogatz在《自然》上发表文章并引入小世界（small-world）网络模型。①1999年，Barabási和Albert在发表的文章中阐述了在统计WWW网络的度分布时，发现呈现出来的分布特征并非随机图论中泊松分布，而是呈现出幂律特性，即网络整体度分布呈现出无标度特性，文中又提出了在复杂网络系统中度分布表现出幂律特性的两个基本机制：增长和择优连接。网络的增长模式表明网络的规模是不断在变化的，即网络的节点数在不断变化，而不是像随机网络或是小世界网络那般有固定节点数；择优连接性则表现在网络增长的过程中，节点之间连接的机会并不是均等的，某些节点在连接时会占优，即对某些节点而言连接具有偏好性。②Barabási和Albert根据上述两种规则建立了BA无标度网络模型。③④关于复杂网络的研究如今已成为科学研究界的热门，更多关于复

① Watts D J, Strogatz S H. Collective dynamics of "Small-world" networks [J]. Nature, 1998, 393: 440–442.

② Barabasi A L, Albert R. Emergence of scaling in random networks [J]. Science, 1999, 286: 509–512.

③ Barabasi A L, Albert R. Emergence of scaling in random networks [J]. Science, 1999, 286: 509–512.

④ Barabási A L, Albert R, Jeong H. Mean-field theory for scale-free random networks [J]. Physics reports, 1999, 272: 173–187.

杂网络的研究见文献①②③④⑤⑥⑦⑧。

而对复杂网络的自相似性研究则是利用节点内部的互动性来探测网络的微观演化过程，如Song等人利用重构化测量复杂网络的自相似性⑨，Guimerà与Danon利用邮件系统测量社区结构的自相似性⑩。而笔者利用自相似思想研究网络的自相似性，并利用信息维数测量结果。网络通过节点与节点相连汇聚形成，节点与节点之间是通过某种共性而连接在一起的。

从2003年伪自相似网络模型的提出，到多种自相似网络模型的建立，其中最为特殊的便是阿波罗网络模型，因为它同时满足复杂网络的三大

①　Bramwell S T, Holdsworth P C W, Pinton J F, et al. Universal fluctuations in correlated systems [J]. Physical review letters, 2000, 84（17）: 3744–3747.

②　Federrath C, Roman–Duval J, Klessen R S, et al. Comparing the statistics of interstellar turbulence in simulations and observations: Solenoidal versus compressive turbulence forcing [J]. Astronomy and astrophysics, 2010, 51（A81）: 1–28.

③　Song C M, Havlin S, Makse H A. Complex networks are self–similar [J]. Nature, 2004, 433.

④　Guimerà R, Danon L, D í az–Guilera A, et al. Self–similar community structure in a network of human interactions [J]. Physical review E, 2003, 68.

⑤　Doye J P K, Massen C P. Self–similar disk packing as model spatial scale–free networks [J]. Physical review E, 2005, 71: 43–50.

⑥　Song C M, Havlin S, Makse H A. Self–similarity of complex network [J]. Nature, 2005, 433: 392–395.

⑦　Hernán D R, Shlomo H, Daniel B. Fractal and transfractal recursive scale–free nets [J]. New journal of physics, 2007, 9（175）: 1–16.

⑧　Duch J, Arenas A. Community detection in complex networks using extremal optimization [J]. Physical review E, 2005, 72（2）: 1–4.

⑨　Song C M, Gallos L K, Havlin S, et al. How to calculate the fractal dimension of a complex network: The box covering algorithm [J]. Journal of statistical mechanics: Theory and experiment, 2007, P03006: 1–16.

⑩　Guimerà R, Danon L, Díaz–Guilera A, et al. Self–similar community structure in a network of human interactions [J]. Physical review E, 2003, 68.

特性。2005年，Song等人创新地将几何自相似学中的盒子覆盖法引入复杂网络科学研究中，通过研究发现在某些现实世界中网络确实会存在一定程度的自相似。[1]同年，以色列的Hernán等人分别对位自相似模型进行扩展，建立了基于空间填充的网络模型。文献指出网络中hub-hub节点之间的互斥是产生自相似结构的关键原因，并提出了一种自相似网络的增长机制——逆重整化。[2]文献[3]提出利用盒子计数法和燃烧算法来计算网络的自相似维数。文献提出在无标度网络中关于网络自相似维数的计算方法。之后，Song等人利用重整化方法[4][5]，将网络拓扑架构在空间中分成三类，并得出分布函数参数与所属分类之间的关系。2012年，Christian Schneider等人提出的对盒维数方法的改进[6]，使得计算复杂网络分维数变得更加精确，为判定自相似特性提供了更精确的方法。

6.3.2　基于自相似的子图挖掘

定义：子图。

首先，我们将对我们的研究对象 "网络" 和它的子图做简单定义。

---

① Song C M, Havlin S, Makse H A. Self-similarity of complex network［J］. Nature, 2005, 433：392-395.

② Hernán D R, Song C M, Makse H A. Small-world to fractal transition in complex networks：A renormalization group approach［J］. Physical review letters, 2010, 025701（104）：1-4.

③ Song C M, Gallos L K, Havlin S, et al. How to calculate the fractal dimension of a complex network：The box covering algorithm［J］. Journal of statistical mechanics：Theory and experiment, 2007, P03006：1-16.

④ Jordan M I. On statistics, computation and scalability［J］. Bernoulli, 2013, 19（4）：1378-1390.

⑤ 舍恩伯格，库克耶. 大数据时代：生活，工作与思维的大变革［M］. 盛杨燕，周涛，译. 杭州：浙江人民出版社，2012.

⑥ Christian M S, Tobias A, Kesselring. Box-covering algorithm for fractal dimension of complex networks［J］. Physical review E, 2012, 016707（86）：1-5.

我们利用经典图论对"网络"这一概念，从"图"的角度进行描述。图（graph）是一种由一系列节点和节点对组成的集合，这些节点组成的节点对，称为边，是表现图的拓扑结构的重要部分，图具有去中心化、非线性等特点。

一般来说，图的定义如下：有二元组 $G=(V, E)$，式中 V、E 均是有限集，V 表示节点的集合，$E \subseteq V \times V$ 表示边的集合，我们称 G 为图（graph）。在大数据时代，由于数据类型的多样性和复杂性，我们再进一步对图进行以下3点补充描述。

（1）图分为无向图和有向图两种，前者的边两端的节点没有先后次序；后者的边两端的节点有逻辑上的先后次序，因此常用箭头表示。

（2）图的节点可以含有高维特征组，记为 $A=\{x_1, x_2, \cdots, x_m\}$。

（3）图的节点和连边均可能含有权重。

图与图之间又构成了子图、超图的关系。有图 $G=(V, E)$ 和 $G'=(V', E')$，如果 $V' \subseteq V$，$E' \subseteq E$，称 G' 是 G 的子图，或 G 是 G' 的超图，记为 $G' \subseteq G$。笔者所述的子图挖掘，在大数据和机器学习的产业界被定义为网络划分。子图作为研究结果，是分布式存储和并行计算等领域的数据对象，也是当前的研究瓶颈。

由于现有的网络划分方法多来源于针对非网络大数据的划分技术，将网络节点视为大数据中的对象，因此多为针对节点的划分，即观察节点特征，如节点的度分布等。选取具有代表性的节点集合 E'，并记录有一个端点 $e \subseteq E'$ 的连边集合 V'，形成子图 $G'=(V', E')$。在这一过程中，可能造成以下两点问题。

（1）连边被动进入子集后，不能保证子图的连通性。

（2）网络连边形成的拓扑结构，是网络重要特征，在基于节点的划分过程中未能得到保存。

笔者提出的"自相似子图挖掘理论"和"自相似逼近理论"，是针对连边的理论研究。观察网络自相似结构与复杂网络属性的联动关系，令算法挖掘出尽可能保留原图拓扑特征的子图。同时，由于节点的特征很大程度上由与它相关的连边刻画，如度分布、簇系数等，本模型所抽取的子图也可以保留原图的节点特征。

经典图论发展年代早于大数据时代，它着重于强调子图的数学定义，未考虑在大数据背景下，子图有效性的度量标准。笔者提出用复杂网络中的统计物理属性描述网络，并认为：子图各项属性接近于原图，是有效划分的标准。常用统计物理属性如下。

度分布：一个节点的度定义为该节点连接的连边数量。网络的度分布即为网络中节点的度的概率分布。

网络密度：网络中实际存在的边数与可容纳的边数上限的比值。

聚类系数：描述一个图中的节点之间结集成团的程度的系数。

平均路径：网络中任意两个节点间最短距离的平均值。

度相关系数：网络节点的度分布于连边的关系。如果高度的节点倾向于连接高度的节点，则称网络是度正相关的或同配的（assortative），否则称为异配的（disassortative）。

在本部分，申请人将用自相似这一最典型的自相似结构来阐述笔者的研究内容和思路。自相似，指具有以非整数维形式充填空间的形态特征，通常被定义为"一个粗糙或零碎的几何形状，可以分成数个部分，且每一部分都（至少近似地）是整体缩小后的形状"，即具有自相似的性质。自相似网络指网络中最小局部以自复制的方式迭代成网络全局的拓扑结构，每个层级的局部都和整体一致，如图6.2所示。

图6.2　自相似网络的演化

如图6.2所示，自相似网络中的局部可成为天然的有效子图，完整保存原网络的拓扑结构，笔者称为"自相似子图"。在现实中，除了如图6.2所示直观的自相似网络，还有另一类网络，其内部节点通过互动连接而形成团体，团体又通过互动性连接而形成更高团体。自然界中存在很多实例，如社会网络社团之间的互动性连接、网址簇之间互动性的连接等。Song与Guimera研究了这种节点间的互动性可能带来的结果[①②]，他们认为某些复杂网络，如WWW、社会网、蛋白质相互作用网络，以及细胞网络是在长度定量下的自复制模型，也可以说是在长度转化下的不变性或自相似性。笔者认为，挖掘一般网络中的自相似属性，可以建立新的子图生成方法体系。笔者的主要研究内容即从理论上论证，对于标准自相似网络，以自相似分支作为子图的合理性，并建立子图挖掘算法；进而从理论上分析"自相似逼近"这一方法的可行性和有效性，并建立针对一般复杂网络的子图挖掘模型；基于此，可以拓展出面向各类复杂网络的研究框架，如超高维超大网络等。

在本部分，将通过重构化理论，描述具有标准自相似结构的网络的形成过程，观察统计物理参量在网络增长中的变化，从而建立网络指标的数学表述，并得出自相似网络划分的理论依据，为后续的一般网络划分提供解析基础与方法论。

在分形几何的研究中，自相似是相似中的一种特殊情况，它是指系统的部分和整体之间具有某种相似性，这种相似性不是两个无关事物间的偶然近似，而是在系统演化中必然出现并始终保持的。基于这一事实可得出复杂网络的自相似原理，即复杂网络在演化的过程中将始终保持自己特征

---

① Song C M, Havlin S, Makse H A. Self-similarity of complex network [J]. Nature, 2005, 433: 392-395.

② Song C M, Gallos L K, Havlin S, et al. How to calculate the fractaldimension of a complex network: The box covering algorithm [J]. Journal of statistical mechanics: Theory and experiment, 2007, P03006: 1-16.

状态的相对稳定性，从而使它的整体和部分、部分与部分之间呈现出某种相似性。我们将通过描述网络的增长机制，分析自相似特征的形成，以及各类复杂网络统计物理属性的涌现。

我们将自相似网络的增长过程视为离散的过程，借鉴分形几何中的分形维数（fractal dimension）来刻画网络的演化过程中的增长步骤参数。以常见的盒维数为例，将最小局部视为一个立方体，其边长为 ε，维数公式意味着通过小立方体覆盖被测形体来确定形体的维数：

$$d_B = \lim_{\varepsilon \to 0}\left[\frac{\ln N(\varepsilon)}{\ln(1/\varepsilon)}\right] \qquad (6.1)$$

式中，$N(\varepsilon)$ 是用此小立方体覆盖被测形体所得的数目。

重构化理论利用盒维数，将 N 个节点的网络划分为 $N_B(l_B)$ 个盒子。盒子里节点间的最短路径为 l_B。随后，每个盒子被一个节点替换，重复该过程，直到整个网络简化为一个节点。分形网络具有以下的增长特征：

$$\frac{N_B(l_B)}{N} \sim l_B^{-d_B} \qquad (6.2)$$

以及

$$\frac{K_B(l_B)}{k_{\text{hub}}} \sim l_B^{-d_k} \qquad (6.3)$$

其中，k_{hub} 是盒子内节点持有的最高连接度，$K_B(l_B)$ 是盒子的连接度。d_B 和 d_k 分别表示盒子的自相似维数和度分布的指数。在欧几里得空间中，非自相似结构在维度上的增长可视为空间上的幂律增长，如直线是1维的，正方体是2维的，立方体是3维的。而自相似结构在维度上的增长，含有自复制的过程。将其增长过程视为离散过程的话，每一次增长的维度都在1维与2维之间，复杂的分支被压缩在低于演化步骤 n 的维度空间内。因此，对于非自相似网络，随着 $\varepsilon \to 0$，可知 $d_B \to \infty$ 和 $d_k \to \infty$，即当盒子越小，得出的维度越高。而对于自相似网络来说，在盒子变小的过程中，内部包含的结构仍然趋同，因此有式（6.3）。由此可见，自相似网络的局部，对于描述整体，具有重要意义。

利用盒维数方法的思路，我们可以将其反向操作理解为一种自相似网络的增长机制，从而研究各项网络统计物理属性的变化方式，并进一步解释自相似网络局部对于整体的统计意义。

由式（6.1），我们可以将网络的增长过程用离散方法描述为

$$\tilde{N}(t) = n\tilde{N}(t-1) \tag{6.4}$$

$$\tilde{k}(t) = s\tilde{k}(t-1) \tag{6.5}$$

$$\tilde{L}(t) + L_0 = a\left(\tilde{L}(t-1) + L_0\right) \tag{6.6}$$

式中，$n>1$、$s>1$和$a>1$是与时间无关的常数，$\tilde{L}(t)$是网络上节点之间的最大距离。其中，式（6.4）是网络局部自复制后形成的网络尺寸增长，如图6.2所示。式（6.5）类似于无标度网络增长中的优点连接原则，这就产生了节点度的概率分布，$P(k) \sim k^{-\gamma}$。式（6.6）描述了网络直径的增长，并观察网络的小世界属性和自相似结构。其中，特征尺寸 L_0 是固定值，可由最初的几次演化计算获得。同样计算可得的是系数n、s和a，并由此推断出关于自相似网络的标度指数：$d_B = \dfrac{\mathrm{Ln}\, n}{\mathrm{Ln}\, a}$，$d_k = \dfrac{\mathrm{Ln}\, s}{\mathrm{Ln}\, a}$。度分布的指数满足 $\gamma = 1 + \dfrac{\mathrm{Ln}\, n}{\mathrm{Ln}\, s}$。这种演化过程令网络产生了一种模块化结构，模块可以在盒维数的计算中作为盒子使用。有文献指出[①]，这种模块化过程，令统计物理属性可预测，如果可以知道一个模块，通过计算相关指数，如簇系数、平均路径等，可以推出整个网络的对应指数。这一解析过程再次证明了以自相似网络的局部作为网络划分具有统计意义。

基于以上的分析，笔者拟建立一种以获取自相似网络局部作为网络划分的算法。自相似网络在增长演化过程中展现出一种强异配性，即在网络

---

① W Wang, S Shi, X Fu. The Subnetwork Investigation of Scale-Free Networks Based on the Self-Similarity [J]. Chaos, Solitons and Fractals, 2022, 161, 112140.

的局部连接的过程中，度高节点倾向于连接别的局部里的度低节点，而不是与自己类似的节点。由此，当我们试图获取某个层级的分支的时候，可以观察那些与大量类似者相连并与极少数差异者相连的节点，它们往往是分支转折处，通过截断它与差异者的连接，可以获取准确的局部。

笔者为了实现基于边的子图挖掘，定义了边邻居数，由每一条边 e_{ij} 的两个端点节点 i 和节点 j 各自出发的其他边，被定义为 e_{ij} 的邻边。由节点 i 出发的任意边 e_{ik} 的 k 端邻居数，既可以表征节点 k 在网络中的重要性，也可以表征 e_{ik} 的重要性，而所有 e_{ik} 的群体状况，则可以表达 e_{ij} 在网络中的位置。

$$\tilde{n}_{ij}^{i} = \sum_{e_{kp \neq 0}} n_{kp}^{k} \tag{6.7}$$

我们用式（6.7）定义出一种边权，在后续的算法开发过程中，作为选择边的判据。

自然界存在大量统计意义下的自相似体，这些自相似体无法通过直接观察得到最小的可复制局部，也无法得知自相似比。大量的复杂网络，如蛋白质网络、WWW 就具备自复制和自相似的属性。但目前，理论界缺乏对此类网络中自相似结构的定量研究。

探索一般复杂网络的自相似结构，可以奠定超大网络划分的理论基础，也是笔者的核心任务之一。从式（6.2）可以得出，自相似网络中网络尺寸 N 与平均路径 l 之间应存在幂律关系，而一般具有小世界属性与无标度属性的复杂网络，被认为 N 与 l 之间存在指数分布 $N \sim e^{l/l_0}$，其中 l_0 是特征长度。接下来，我们将利用复杂网络长度不变的可重构性，探测自相似性与指数增长共存的可能性。在具有自相似结构的网络中，明显的簇结构是自复制的特征。用6.3.2节中的盒子覆盖法可以将自相似结构描述为

$$N_B \sim l_B^{-d_B} \tag{6.8}$$

而复杂网络也可以用簇结构来表达。选取任意节点为种子，在与它的路径小于 l 的范围之内选定一个簇，用某种衡量簇结构复杂性的统计物理参量 M_C

，如簇系数，来衡量这个簇。在网络上不断重复这个过程直到所有的节点都属于某个簇，可得平均值：

$$<M_C> \sim l^{d_f} \tag{6.9}$$

对于度分布呈现幂律的网络来说，调整路径长度 l，都可维持式（6.9）的成立。

在此基础上，我们结合式（6.8）与式（6.9），用盒子替代 l，得出一种新的簇复杂度：

$$<M_B(l_B)> \equiv N / N_B(l_B) \sim l_B^{d_B} \tag{6.10}$$

可以同时描述网络的自相似结构与幂律分布，即用尺寸可变的盒子覆盖网络，再把盒子用节点替换，网络仍然可以维持不变的复杂网络统计属性。以自相似网络增长的视角观察网络上节点的度分布，自相似的局部通过与度高点连接形成更大的局部，并促成了高度节点的形成。由此我们可以得出，自相似结构与复杂网络统计属性的融合是从理论上可行的。

现实中的网络是动态增长的，为了衡量复杂网络的自相似性，以某个网络的增长为例来测量在不同阶段网络的自相似维数 D。不同阶段的网络依次为：起初形成小的局部网络、增长为稍大些的网络、最终形成的网络。测量它们的自相似性维数的具体方法如下。

（1）在被测网络上覆盖边长为 l 的小正方形，统计有多少个正方形中含有被测对象，为每一个正方形进行编号，统计出节点落入盒子中的概率，计入 $P(l)$ 中。

（2）缩小正方形边长 l，再统计有多少个正方形中含有被测对象，再统计出节点落入盒子中的概率，计入 $P(l)$ 中，以此类推。

（3）统计不同的 l 值下计入的 $P(l)$ 值。

（4）根据不同的 $P(l)$ 值，计算不同的信息维数 D。分别计算出处于不同阶段网络的自相似容量维数。如果维数取相同或相近值，则表明网络具有自相似性。

对于超大网络来说，不需要计算全局，如果网络具有自相似结构，只需要论证局部就可以得出结果。

最后，我们需要计算一般复杂网络的自相似维数，从而确定划分的步骤中抽取节点的个数。分维是自相似几何学中的一个十分重要的参数。利用分维测量图形的自相似性计算方法很多。复杂网络的自相似性研究常常应用的是容量维。容量维的计算仅考虑了覆盖整个网络的盒子数，而未考虑一个盒子内所包含的节点数。显然，应用容量维数描述复杂网络的自相似性特征有其局限性。鉴于此，本书应用信息维数法研究复杂网络的自相似性，并探讨复杂网络与自相似性之间的关系。通常网络中节点的分布具有不均匀性，导致不同计数盒子覆盖不同的节点数。为了能够客观地反映每个盒子中覆盖的节点数，研究新的维数计算方法成为本课题的又一重要任务。

当维数被确定后，一般网络即可被逼近为含有自相似分支的自相似网络。因为维数可以表达最小分支的尺寸，所以替代前文中的步骤参数d，成为算法中的可调尺寸参数。由此，我们可以设计出盒式截断算法，对一般网络进行子图挖掘。

笔者基于对节点只含有一维信息的网络进行研究，进而进行了研究框架的拓展，可以适用于各类复杂情况下的真实网络，如含点权、边权的网络，以及节点含有超高维信息的网络。以下，以含有高维节点的网络为例，展示笔者的拓展方法。

当前，从现实世界中获取的超高维网络数据越来越多。使用相同算法，针对超高维网络进行分析和计算的复杂度比普通网络高很多，甚至很多算法无法直接应用到超高维网络上。笔者拟对超高维特征进行合理降维和分组，针对每一个分组进行统计意义上独立的子图挖掘，最后将多重子图中被选中的边按出现频率进行排序后再度筛选，形成新的子图。如此，可以同时保存原始网络中的点特征和边结构的信息。

为完成超高维网络的低维映射，我们设定如下。

在含有 N 个节点的超高维网络 $G = (V, E)$ 中，笔者通过特征子空间隐藏层方法，建立线性映射，将高维数据 $X \in \mathbf{R}_+^{n*m}$ 的可分组特征 $\left\{ g_i | g_i \subseteq C_m^t \right\}_{i=1}^m$ 投影到低维度空间中： $f(g): \mathbf{R}_+^{n*m} * \mathbf{R}_+^m \rightarrow \mathbf{R}_+^t$。式中，$n$ 为数据对象的个数，m 为特征个数，t 为特征组个数。这一线性映射表达如下：

$$g(x) = W \left(V_0 \circ V_l \right) x^{\mathrm{T}} \tag{6.11}$$

式中，W 为特征组权重矩阵，V_0 为特征分组矩阵，V_l 为每个特征在低维子空间内的权重矩阵。如图6.3所示，通过具有行正交的投影矩阵 V_l，将高维数据投影到低维空间中，形成较低维度的特征分组。在接下来的子图挖掘研究中，我们将含某个特征组节点的网络视为一个独立的网络，将特征组权重视为节点的权重，在子图生成的边搜索过程中，参考点的重要性进行连边优先选择。

$$\tilde{n}_{ij}^i = w_k \sum_{e_{kp} \neq 0} n_{kp}^k \tag{6.12}$$

我们利用3.2.1节中的公式（6.11），设计出一种针对特征分组的边描述机制，式（6.12）中，w_k 即为节点 k 的特征组权重，进而利用6.3.2节中的分支截断算法，设计出一种可拓展的算法框架，使含有特征组权重、点权，以及边权的网络具备泛化能力。

对所有的特征组进行完子图挖掘后，对多重子图中重复出现的边，认为是有价值的边，以边的出现频率确定最终子图。

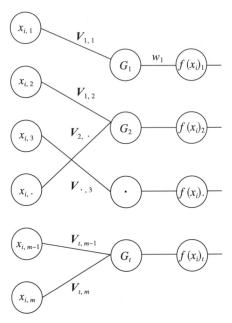

图6.3 超高维网络加权预处理过程

6.3.3 子图挖掘算法与实例

在本节中，我们将基于6.3.2节中的理论，开发两种低成本、高精度的子图截取算法。本算法用于读入超大型网络数据，根据使用者所需求的子图尺寸，进行子图截取，令代码输出的子图与原图有类似的统计物理特征，如平均路径，簇系数等。以图6.2中右侧的网络为例，共有27个红色节点形成了原始网络，本系统可实现不同尺寸的子图截取，并以邻接矩阵或图形输出结果。该原始网络具有自相似的特点，即原始网络是以图中的圆形围成的小型三角形，通过自复制、并以相同的拓扑连接方法组织形成。如果我们试图截取原图 $\frac{1}{9}$ 大小的子图时，最理想的子图应该为图6.4中用圆圈标示出的三角连接子图，而不是无闭环的链路等。而如果想获取原始网络的 $\frac{1}{3}$ 大小子图时，理想子图应为图6.5中圆圈所标示出的部分。

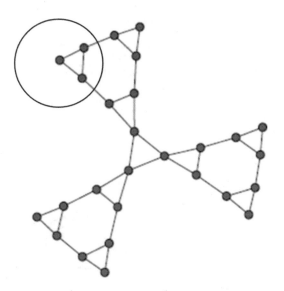

图6.4　针对网络的 $\dfrac{1}{9}$ 子图截取

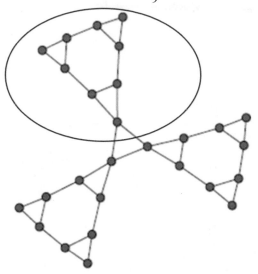

图6.5　针对网络的 $\dfrac{1}{3}$ 子图截取

本算法不仅可以对具有明显自相似结构的网络进行有效的子图截取，对于一般网络也利用近似邻边覆盖的方式，实现了有效的子图获取，对各种行业、场景、数据类型、技术任务下的网络数据都具有理想的抽样效果，为后续的网络预测和分析打下基础，并有效节省了算力，提高了计算效率。

为了实现该功能，本系统分为"异质优先"和"同质优先"两种情况开发了两种算法，具体实施流程图如图6.6和图6.7所示。

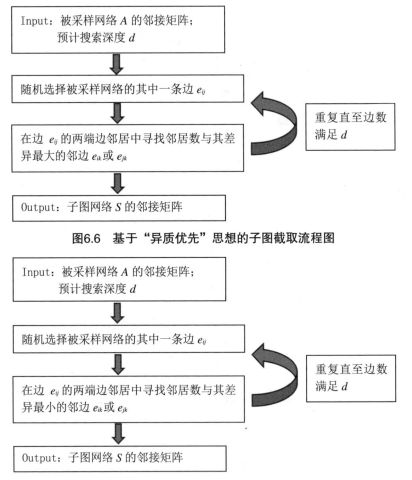

图6.6 基于"异质优先"思想的子图截取流程图

图6.7 基于"同质优先"思想的子图截取流程图

基于这两种思想，我们设计了两种子图截取算法，异质连边优先算法如下。

算法 1：HESP-1（异质连边优先）。
输入：被采样网络 A 的邻接矩阵和搜索深度 d。
输出：子图的邻接矩阵 S。
步骤 1：随机选择被采样网络的其中一条边 e_{ij}，使矩阵 S 中的 a_{ij} 置为 1。
步骤 2：从顶点 i 和顶点 j 确定边 e_{ij} 的所有边缘邻居。
步骤 3：计算边 e_{ik} 的边邻居数 n_{ik}，对 e_{ij} 的所有边邻居重复该过程。
步骤 4：找出 n_{ik} 与 n_{ij} 相差最大的且未被采样的边 e_{ik}，使矩阵 S 中的 a_{ik} 置为 1。
步骤 5：将 e_{ik} 设置为新的 e_{ij}，回到步骤 2，重复直到 d 次。
步骤 6：返回邻接矩阵 S。

以及同质连边优先算法：

算法 2：HESP-2（同质边缘优先）。
输入：被采样网络 A 的邻接矩阵和搜索深度 d。
输出：子图的邻接矩阵 S。
步骤 1：随机选择被采样网络的其中一条边 e_{ij}，使矩阵 S 中的 a_{ij} 置为 1。
步骤 2：从顶点 i 和顶点 j 确定边 e_{ij} 的所有边缘邻居。
步骤 3：计算边 e_{ik} 的边邻居数 n_{ik}，对 e_{ij} 的所有边邻居重复该过程。
步骤 4：找出 n_{ik} 与 n_{ij} 相差最小的且未被采样的边 e_{ik}，使矩阵 S 中的 a_{ik} 置为 1。
步骤 5：将 e_{ik} 设置为新的 e_{ij}，回到步骤 2，重复直到 d 次。
步骤 6：返回邻接矩阵 S。

　　接下来，我们使用一些开源的真实数据集来初步论证我们的算法有效性。在图6.8中，我们使用了如下两个数据集，观察以前文中的算法获取的子图中的度分布情况。

　　数据集1：Lastfm 数据集。获取地址：https://arxiv.org/pdf/1909.13021.pdf。数据集2：UV-Flower数据集。获取地址：https://www.sciencedirect.com/science/article/abs/pii/S096007792030237X。

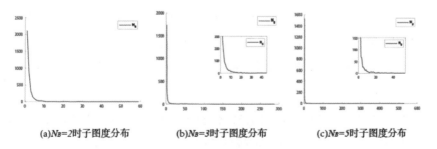

(a)N_B=2时子图度分布　　　　(b)N_B=3时子图度分布　　　　(c)N_B=5时子图度分布

图6.8　不同数据集上的子图挖掘案例（1）

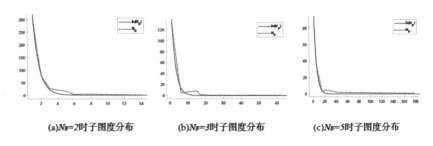

(a)N_B=2时子图度分布   (b)N_B=3时子图度分布   (c)N_B=5时子图度分布

图6.8　不同数据集上的子图挖掘案例（2）

这两个数据集中的原始网络都含有幂律的度分布，我们根据不同的覆盖参数截取了子图后，子图仍然保留了幂律的特征。那么，子图中其他的网络统计物理属性，能否和原图保持一致呢？我们将在6.4小节的网络预测中，进行详细深入的讨论。

我们将用另一个较大的真实网络来展示HEPS-2算法的优越性和稳定性。数据集信息如下。

数据集3：DIP数据集。获取地址：arXiv：cond-mat/0205380v1［cond-mat.soft］17 May 2002。

DIP蛋白质网络含有1 647个节点和2 518条连边，原始网络的度分布呈现幂律，是网络科学研究中常用的自相似数据集，也就是说，原始网络是由极小的结构元素通过自复制和再连接所形成的拓扑结构。此处，我们将HEPS-2算法和随机子图抽样作为对照组，分别对原始网络进行了$\frac{1}{100}$、$\frac{1}{50}$、$\frac{1}{20}$、$\frac{1}{10}$的子图获取，从图6.9中，我们可以看出，本系统所获得的子图相较之随机抽取的网络，更能封存原始网络的拓扑结构与统计参数。在HEPS-2算法挖掘的子图中，我们可以观察到较为清晰的自相似结构，而随机算法则倾向于挖掘出一条链式结构的子图，这与真实情况是不符的。

与此同时，HEPS-2算法的稳定性较强，对于占原始网络比例较小的子图挖掘，仍然可以获得准确度较高的网络特征。

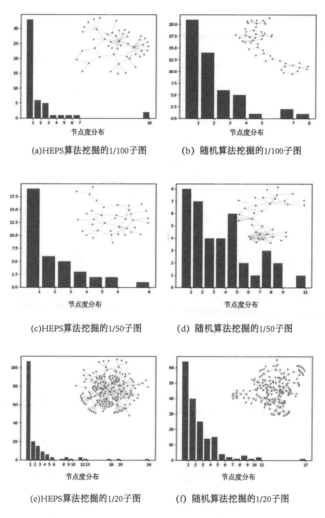

(a)HEPS算法挖掘的1/100子图　　　（b）随机算法挖掘的1/100子图

(c)HEPS算法挖掘的1/50子图　　　（d）随机算法挖掘的1/50子图

(e)HEPS算法挖掘的1/20子图　　　（f）随机算法挖掘的1/20子图

图6.9　真实网络子图挖掘案例

6.4　基于自相似子图的网络预测理论

近十年来，随着数据获取技术的大幅度提升，数据获取成本的下降，社会上涌现了TB、PB、EB量级的超大数据。这些大数据为观察自然和社会现象提供了整体视角，并可以作为各类人工智能产品的训练素材，是科技发展的重要动力。但随之而来的问题就是，当前的数据存储和分析技术跟不上数据规模和复杂程度增长的速度，该领域内的硬件和理论技术都将面临重大挑战，且这一调整是在全球范围内、在各个领域内同时发生的。数据处理过程通常耗时较长且对算力要求较高。然而，在一些场景下，数据分析和人工智能训练中的任务可能需要在短时间内完成。因此，理论界和产业界都需要一种合适的方法来采取新的思路对大数据进行操作。其中一种思路就是使用大数据的有效样本对大数据进行预估或替代。同时，在分布式计算领域，也需要这样的技术，获取具有与原始数据相似特征的子集，作为原始数据的分析工具。

在前面的研究中，我们向读者呈现了基于自相似结构的网络子图截取方法。那么，当我们可以获取不同尺寸的、与原始网络具有类似统计物理特征的子图后，我们该如何使用这些子图去深入了解原始网络呢？在本节中，我们将展开一系列的解析讨论，用子图预测原始网络的统计指标，把这一技术应用于大型网络预测与分析，以及后文中的分布式计算。

与前文一样，我们仍然从一些已知的自相似网络入手，确保我们可以论证解析结果。在本节，我们首先要向读者们推荐一些开源的自相似数据集：

（1）Twitch：https://arxiv.org/pdf/1909.13021.pdf。

（2）Wikipedia：paperswithcode.com/dataset/wiki-squirrel。

（3）Lastfm：arxiv.org/pdf/1909.13021.pdf。

（4）WWW：www.nd.edu/ networks。

（5）Protein：https://dip.doe-mbi.ucla.edu/dip/Main.cgi。

（6）Collaborations：arxiv.org/pdf/cond-mat/9910332.pdf。

我们计算了这些数据集的度相关系数（DC, degree correlation），发现它们在表现出自相似结构的同时，都拥有明显的正相关或负相关特征，见表6.1。

表6.1　网络的度相关系数

网络	度相关系数
Twitch	−0.12
Wikipedia	−0.27
Lastfm	0.017
WWW	−0.065
Protein	−0.1
Collaborations	0.208

事实上，绝大多数的真实网络中都存在着自相似和高正/负相关同时出现的现象，这是由于大多数自然和社会中的网络，往往是通过复制自身的最小单元来增长自身规模。而在这些最小单元的连接过程中，最常出现的两种情况分别是层级结构（正相关）和社团结构（负相关）。当我们获取了这些网络的最小单元作为子图之后，我们将依据这样的自然规律来推测原始网络的一些统计特征，包括但不局限于节点数、平均节点度、网络密度、平均最短路径、簇系数、度相关系数。下面，我们将分别阐述这6种统计特征的预测理论。

对于网络节点数 N 来说，子图中的节点占总节点数的比例 $\dfrac{N_s}{N}$ 应略低于子图中的连边数占总连边的比例 $\dfrac{L_s}{L}$。以前文中提及的HEPS−1和HEPS−2算法为例，基于连边的子图截取过程可以找到自相似网络中某个层级的"枢纽"（hub）节点，并进一步切断围绕着hub的自相似社群作为符合给定比例 $\dfrac{L_s}{L}$ 的子图。如果算法成功，子图中将会有一组围绕着hub节点的边，它们共享了同一个端点，并降低了子图中节点个数占网络总节点数的比例。而 $\dfrac{N_s}{N}$ 将由 $\dfrac{L_s}{L}$ 和自相似网络中的维数共同决定。当我们确定了 N 后，可以根据下式推断出网络上的平均节点度：

$$<k> = \frac{1}{N}\sum_{i=1}^{N}k_i \qquad (6.13)$$

并进而计算出网络的密度：

$$f_d = \frac{2L}{N(N-1)} \tag{6.14}$$

聚类系数由式（2.7）给出。对于具有自相似特征的网络来说，我们以"代"来描述网络增长的过程，最小的自相似模块称为"一代"，若一代中含有 N_1 数量的节点，则我们将这个模块复制 N_1 次，并以一代的结构将它们连接在一起。如果按照我们对于HEPS系列算法的要求，每一次截取的子图应该是最接近网络增长过程中某代的局部，则子图的聚类系数应与原图一致。

类似的还有度相关系数Pr，它在子图中的数值应与原图中尽量接近：

$$\mathrm{Pr} = \frac{m^{-1}(\sum_{e_{ij}} k_i k_j)^2 - \left[m^{-1} \sum_{e_{ij}} \frac{1}{2}\left(k_i + k_j\right) \right]^2}{m^{-1} \sum_{e_{ij}} \frac{1}{2}\left(k_i^2 + k_j^2\right) - \left[m^{-1} \sum_{e_{ij}} \frac{1}{2}\left(k_i + k_j\right) \right]^2} \tag{6.15}$$

而最短平均路径则没有在子图和原图中呈现出趋同了，我们在第2章曾提到过它的计算公式［式（2.5）］。

它在网络增长的过程中，按照自相似网络组织的原则 $m_c(l_c) \sim l_c^{d_c}$ 在逐步加长，此处 m_c 为每个节点在经历 l_c 步后可以到达的节点数的平均值，而 d_c 为网络的维数。对于我们正在探讨的大规模网络来说，我们无法像研究小型网络一样利用计算机得知维数，也无从得知网络自组织的规律。一种较为公正的方法就是对网络做出若干次不同比例的子图挖掘，以方程组的思维方式对 d_c 做出估计，并探知 l_c 的增长规律。

接下来，我们将用两种确定增长规则的自相似网来测试我们的网络预测方法是否准确。首先，我们建立了一组增长的<U，V>-Flower网络，如图6.10所示，它在第 n 代的连边数量和节点数量分别为

$$E_n = \left(u + v\right)^n \tag{6.16}$$

以及：

$$N_n = \frac{(u+v-2)(u+v)^n}{u+v-1} + \frac{u+v}{u+v-1} \qquad (6.17)$$

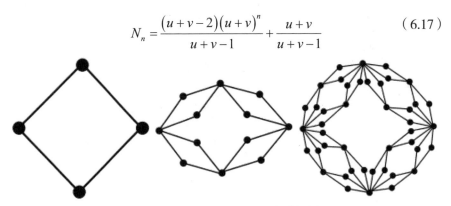

图6.10 <*U*，*V*>–Flower生成机制

为了方便观察，我们选择前文中的随机算法（即随机从网络中抽取同等数量的边）作为对照组，使用同样的理论方法来推测原始网络的各项统计参数，既可以确定HEPS算法的优越性，也可以验证网络预测理论的准确性，结果见表6.2。

表6.2 原始网络的各项统计参数

统计属性	原始网络真实值	HEPS 预测值	随机算法预测值
节点数	95	68	59
网络密度	0.3	0.3	0.27
平均节点度	2.63	2.7	2.97
聚类系数	N	N	N
度相关性	−0.75	−0.77	−0.64
平均最短路径	4.45	4.41	4.63

由于这个网络中的节点邻居间缺乏连接，我们无法测算其聚类系数，而其他的参数在网络演化到第5代的时候可以快速获取真实值。我们发现，前文中的理论推测具有极高的准确度。在后续一系列的测算中，我们发现推测的稳定性也是较强的，不会随着原始网络的增大或子图比例的减小而发生波动，是一种复杂度低、有效性强的网络研究方法。

我们设计了一组简单的自相似网络增长机制，如图6.11所示，供感兴趣的读者复现6.4小节中的研究过程。其中，各项网络统计参数的计算，都可以通过Matlab、Python等研究工具中的程序包完成。

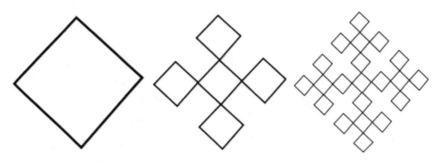

图6.11　四边形网络生成机制

6.5　基于有效子图的渐近集成模型

定义：渐近集成。

假定 $\boldsymbol{D}$ 是某个应用问题的超大网络数据，有 N 个节点对象和 M 条连边，如果 $\boldsymbol{D}$ 不能在单个计算机上用串行算法进行数据挖掘和分析，必须将 $\boldsymbol{D}$ 划分成 P 个子集 $\{\boldsymbol{D}_i\}$，$1 \leqslant i \leqslant P$，分布到 T 台设备，采用并行分布式算法在多节点分布式系统上计算。在此过程中，我们将使用上文中提出的"子图"作为子集 $\{\boldsymbol{D}_i\}$ 完成分布式存储，如图6.12所示。

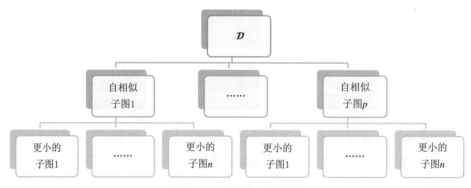

图6.12　渐近集成模型

假定D是某个应用问题的超大网络数据，有N个节点对象和M个属性，ξ为学习算法，Π是ξ从D学习的模型，写成$\Pi = \xi（D）$。如果D不能在单个计算机上用ξ的串行算法计算Π，必须将D划分成P个子图$\{D_i\}$，$1 \leqslant i \leqslant P$，分布到$T$台计算机上，采用$\xi$的并行分布式算法在多节点分布式系统上计算$\Pi$。

理想的分布式策略，并行分布式算法ξ并计算的模型等价串行算法。这种分布式策略存在两大问题：①需要计算所有子图$\{D_i\}$，对分布式节点的内存要求高，数据扩展性差；②在数据划分策略下，只有少数学习算法可以实现模型等价的并行分布式算法。因此，理想的分布式策略有很大的局限性。在大数据环境下，分布式算法的设计可根据大数据的特点，设计在有限计算资源下能满足应用需求的近似算法。传统的并行分布式算法有3类，程序并行、数据并行、程序与数据同时并行。其共同特点是在建模过程中需要全部训练数据，并读入内存，以减少迭代循环过程的I/O 操作。这种算法扩展性差，不适合 TB 级大数据的分析。

针对超大网络数据建模，渐近式集成学习策略分成数据划分和渐近式建模两个阶段。

数据划分：将网络数据D划分成P个子图$\{D_i\}$，每个子图是D的一个随机样本，限定子图D_i的大小可以读入节点的内存进行计算，将P个子图$\{D_i\}$随机分布到T个计算节点。前文6.3.1节和6.3.2节提供了该类划分方法。

渐近式建模步骤如下。

（1）随机从P个子图中抽取T个子图作为训练数据，每个节点一个子图。

（2）用分布式算法ξ并行计算T个子模型$\{\pi_j\}$，$1 \leqslant j \leqslant T$，将子模型加入已有模型组成新的集成模型$\Pi = \Pi + \{\pi_j\}$；

（3）用测试数据D_h测试Π，如果满足终止条件，输出Π，训练终止；否则，返回步骤（1）。

测试数据 $\boldsymbol{D}_h$ 从 $\{\boldsymbol{D}_i\}$ 中随机抽取，步骤（1）采用不放回随机划分，渐近式建模之前模型 $\varPi$ 设定为空，可以设定不同终止条件，如绝对精度或相对精度变化、建模次数或时间等。

上述渐近集成学习策略有如下优点。

（1）计算的约束限制在子图样本的大小，子模型用子图计算，突破了单个节点内存的限制。集成学习的子模型分批计算，每一组子模型只需要将少量的子图样本读入分布式节点内存，因此处理大数据的能力极大加强。

（2）通过提高单个节点的内存和计算性能，或增加分布式计算的节点数量，可以提高大数据的处理能力和分布式算法的可扩展性。

（3）在流数据子图划分时加入时间变量，渐近式集成学习分布式算法可以解决数据流大数据的（big streaming data）的建模问题。

（4）渐近式集成学习策略对学习算法没有特定要求，具有很大的通用性。

在渐近集成模型中，首先要对超大网络进行子图划分，核心思想是将大型网络数据划分成许多小的子图模块（在6.2.1节和6.2.2节中所挖掘的数据结果），即每个模块是超大网络的一个随机样本数据。这样的划分给数据分析带来两个好处：①随机样本数据可以直接通过选择子图文件获得，不需要对大数据的单个记录进行划分，避免了分布式数据随机划分的操作；②通过对少量子图数据块文件的分析和建模，即可得到大数据的统计估计结果和模型。采用子图划分模型，大数据分析的工作转变成对随机样本数据块文件的分析与建模，极大地减少了大数据分析的计算量，提高了大数据分析的能力。本节对前文中所提及的自相似子图模块的理论基础和生成方法的合理性进行详细阐述，并提出渐近集成模型。

在定义子图划分之前，本书首先定义大数据划分。

定义 1（大数据划分）：设 T 是由操作 T 生成的大数据的一组子集

（$\boldsymbol{D}_1$，$\boldsymbol{D}_2$，$\cdots$，$\boldsymbol{D}_k$）构成的集合，即 $T = \{\boldsymbol{D}_1，\boldsymbol{D}_2，\cdots，\boldsymbol{D}_k\}$，如果 T 满足以下两个条件，则称 T 是 $\boldsymbol{D}$ 的一个划分：①对于任意的 $i, j \in \{1,2,\cdots,k\}$ 且 $i \neq j$，$\boldsymbol{D}_i \cap \boldsymbol{D}_j = \varnothing$；② $\bigcup\limits_{k=1}^{k} \boldsymbol{D}_k = \boldsymbol{D}$，同时称 T 是 $\boldsymbol{D}$ 的一个划分操作。

由定义1可知，在 HDFS 分布式文件系统中，大数据表达成数据块文件的划分，HDFS 数据块文件被分布式存储在集群节点上。在一般情况下，HDFS 数据块文件不能作为大数据的随机样本数据使用，因为数据块文件的数据分布与大数据的数据分布不一致。为解决分布不一致的问题，本书给出大数据随机样本划分定义，对于超大网络来说，就是子图划分的定义。

定义2（子图划分数据块）：T 是大数据 $\boldsymbol{D}$ 的一个划分操作，$T = \{\boldsymbol{D}_1，\boldsymbol{D}_2，\cdots，\boldsymbol{D}_k\}$ 是由 T 生成的 $\boldsymbol{D}$ 的含有 k 个子图的一个划分，记 $\tilde{F}(\boldsymbol{D}_k)$ 和 $F(\boldsymbol{D})$ 分别表示网络数据子图 $\boldsymbol{D}_k$ 和大数据 $\boldsymbol{D}$ 的概率分函数。对于任意 $k \in \{1,2,\cdots,k\}$，如果 $E\left[\tilde{F}(\boldsymbol{D}_k)\right] = F(\boldsymbol{D})$ 成立，$E\left[\tilde{F}(\boldsymbol{D}_k)\right]$ 表示 $\tilde{F}(\boldsymbol{D}_k)$ 的期望，则称 T 是 $\boldsymbol{D}$ 的一个子图划分，$\boldsymbol{D}_1$，$\boldsymbol{D}_2$，$\cdots$，$\boldsymbol{D}_k$ 是子图划分数据块，简称SNP（subnetwork partition）数据块。

下面给出定理1，确保对于任何网络数据都可以将其表达成一组SNP数据块，本书将 SNP 数据块称之为网络数据子图划分模型或SNP 模型。

定理 1（SNP 存在性定理）：设网络数据 $\boldsymbol{D}$ 有 N 个记录（$N_1, N_2, \cdots, N_k$），是满足 $\sum\limits_{k=1}^{k} N_k = N$ 的 k（$k>1$）个正整数，则存在一个划分操作 T，使得由 T 生成的划分 $T = \{\boldsymbol{D}_1，\boldsymbol{D}_2，\cdots，\boldsymbol{D}_k\}$ 是 $\boldsymbol{D}$ 的子图划分，其中 $\boldsymbol{D}_k$ 含有 N_k 个记录，$k \in \{1,2,\cdots,k\}$。

证明：对于任意给定的含有 N 个节点对象和 M 个连边对象的网络数据 $\boldsymbol{D} = \{X_1, X_2, \cdots, X_N\}$，随机选取一个 N 元排列 $\tau = \{\tau_1, \tau_2, \cdots, \tau_N\}$。将 $\boldsymbol{D}$ 的全部 N 个节点对象或 M 个连边对象按 τ_N 值的大小重新排序，得到 $\boldsymbol{D}'$。将 $\boldsymbol{D}'$ 按顺序切分成 k 个子图（$\boldsymbol{D}_1$，$\boldsymbol{D}_2$，$\cdots$，$\boldsymbol{D}_k$），其中每个子图分别含有

$N_1, N_2, \cdots, N_k$ 个记录。则对任意 $\boldsymbol{D}_k$ 以及 $\boldsymbol{D}$ 中任意一个元素 X_N，有 $P(X_N \in \boldsymbol{D}_k) = \dfrac{N_k}{N}$ 成立。记 $F_k(X)$ 和 $F(X)$ 分别表示数据子图 $\boldsymbol{D}_k$ 和网络数据 $\boldsymbol{D}$ 的概率分布函数。对任意实数 X，由样本分布函数的定义知，$\boldsymbol{D}$ 中取值不大于 X 的对象数为 $N \times F(X)$，所以 $\boldsymbol{D}_k$ 中取值不大于 X 对象数的期望为 $N \times F(X) \times \dfrac{N_k}{N} = N_k \times F(X)$，所以 $F_k(X)$ 的期望为 $E[F_k(X)] = F(X)$。由 k 的任意性知 $T = \{\boldsymbol{D}_1, \boldsymbol{D}_2, \cdots, \boldsymbol{D}_k\}$ 为网络数据 $\boldsymbol{D}$ 的一个 SNP。

简便起见，这里只考虑对象取值为一维时的情况。当对象取值为向量时，证明方法类似。定理 1 保证了对于任意超大网络数据，本书都能通过子图划分操作将它转换成 SNP 表达。由定义 2 可知，每个 SNP 数据块的概率分布函数与大数据 $\boldsymbol{D}$ 的概率分布函数保持一致性。但是，这种一致性是在期望意义下的，所以每个具体的 SNP 数据块的概率分布函数与大数据 $\boldsymbol{D}$ 的概率分布函数不完全相同。当然，SNP 数据块之间的概率分布函数相似度也有所不同。相似度越高，两个数据块之间相互表达的准确度越高。

给定一个网络数据 $\boldsymbol{D}$ 的随机样本划分 T，本书采用如下公式计算两个 SNP 数据块的概率密度相似性和 SNP 数据块与 $\boldsymbol{D}$ 的概率密度相似性。首先，如果 $\boldsymbol{D}_i = \{x_1^i, x_2^i, \cdots, x_i^i\}$ 和 $\boldsymbol{D}_j = \{x_1^j, x_2^j, \cdots, x_j^j\}$，$i, j \in \{1, 2, \cdots, k\}$ 且 $i \neq j$，满足：

$$\mathrm{gmmd}(\boldsymbol{D}_i, \boldsymbol{D}_j) \sqrt{\dfrac{8u^2(N_i + N_j)}{N_i N_j}} \log_2(\alpha)^{-1} \qquad (6.18)$$

则称 $\boldsymbol{D}_i$ 和 $\boldsymbol{D}_j$ 具有 α 显著性水平下的概率分布一致性，其中 $\mathrm{gmmd}(\cdot, \cdot)$ 为基于再生核希尔伯特空间核函数 Kernel$(\cdot, \cdot)$ 构造的推广最大平均差异（generalized maximummean discrepancy，GMMD），表达式为

$$\text{gmmd}(\boldsymbol{D}_i, \boldsymbol{D}_j)$$

$$
\begin{aligned}
= & \frac{1}{N_i(N_i-1)} \sum_{n=1}^{N_i} \sum_{m \neq n}^{N_i} \text{kernel}[x_n^i, x_m^j] \\
& + \frac{1}{N_i(N_i-1)} \sum_{n=1}^{N_i} \sum_{m \neq n}^{N_i} \text{kernel}[x_n^i, x_m^j] \qquad (6.19) \\
& - \frac{1}{N_i N_j} \sum_{n=1}^{N_i} \sum_{m=1}^{N_i} \text{kernel}[x_n^i, x_m^j]
\end{aligned}
$$

式中，N_i，N_j 包含记录的个数 Kernel($\cdot, \cdot$)。按照后续计算的需要，设定一个参数 u 为函数 kernel 的上界。Kernel($\cdot, \cdot$) 可以选择径向基函数核。之后，构造 $\dfrac{K(K-1)}{2}$ 个数据块对（$\boldsymbol{D}_i$，$\boldsymbol{D}_j$），如果式（6.19）成立的次数大于等于 $\dfrac{K(K-1)}{4} + Z_{\frac{\alpha}{2}} \times \dfrac{\sqrt{K(K-1)}}{2\sqrt{2}}$，其中 $Z_{\frac{\alpha}{2}}$ 为正态分布的 $\dfrac{\alpha}{2}$ 分位数，则将 $\boldsymbol{D}_1$，$\boldsymbol{D}_2$，$\cdots$，$\boldsymbol{D}_k$ 判定为 α 显著性水平下的概率同分布数据块。在实践中，本书可以用式（6.19）来检验 SNP 的大数据表达，也可以在 SNP 划分过程中通过式（6.19）来选择 SNP 数据块。

定理 1 的证明给出了一个 SNP 数据划分模型的存在性。接下来，我们简单阐述在 6.2.1 节和 6.2.2 节中提供的子图模块存在的合理性，见定理 2。

定理 2（SNP 合理性定理）：设 $\boldsymbol{D}_1$ 和 $\boldsymbol{D}_2$ 是分别含有 N_1 和 N_2 个子图数据块，$\boldsymbol{D}_{1.}$ 和 $\boldsymbol{D}_{2.}$ 分别是 $\boldsymbol{D}_1$ 和 $\boldsymbol{D}_2$ 的含有 $N_{1.}$ 和 $N_{2.}$ 个对象的 SNP 数据块，当 $\dfrac{N_{1.}}{N_1} = \dfrac{N_{2.}}{N_2}$ 时，$\boldsymbol{D}_{1.} \cup \boldsymbol{D}_{2.}$ 是 $\boldsymbol{D}_1 \cup \boldsymbol{D}_2$ 的 SNP 数据块。

证明：设 $\boldsymbol{D}_1$ 和 $\boldsymbol{D}_2$ 的概率分布函数分别为 $F_1(x)$ 和 $F_2(x)$，$\boldsymbol{D}_{1.}$ 和 $\boldsymbol{D}_{2.}$ 的概率分布函数分别为 $F_{1.}(x)$ 和 $F_{2.}(x)$，则有 $E[F_{1.}(x)] = F_1(x)$ 和 $E[F_{2.}(x)] = F_2(x)$。对于任意实数 x，$\boldsymbol{D}_{1.}$ 和 $\boldsymbol{D}_{2.}$ 中取值不大于 x 的对象数分别为 $N_{1.} \times F_{1.}(x)$ 和 $N_{2.} \times F_{2.}(x)$。$\boldsymbol{D}_{1.} \cup \boldsymbol{D}_{2.}$ 的概率分布函数为 $F_{1.\cup 2.}(x) = \dfrac{N_{1.} \times F_{1.}(x) + N_{2.} \times F_{2.}(x)}{N_{1.} + N_{2.}}$。同理可得 $\boldsymbol{D}_1 \cup \boldsymbol{D}_2$ 的概率分布函数为 $F_{1\cup 2}(x)$

$$= \frac{N_1 \times F_1(x) + N_2 \times F_2(x)}{N_1 + N_2} \text{。从而可计算} F_{1 \cup 2}(x) \text{的期望为}$$

$$
\begin{aligned}
E\left[F_{1 \cup 2}(x)\right] &= E\left[\frac{N_{1\cdot} \times F_{1\cdot}(x) + N_{2\cdot} \times F_{2\cdot}(x)}{N_{1\cdot} + N_{2\cdot}}\right] \\
&= \frac{N_{1\cdot} \times E\left[F_{1\cdot}(x)\right] + N_{2\cdot} \times E\left[F_{2\cdot}(x)\right]}{N_{1\cdot} + N_{2\cdot}} \\
&= \frac{N_{1\cdot} \times F_1(x) + N_{2\cdot} \times F_2(x)}{N_{1\cdot} + N_{2\cdot}} \\
&= \frac{N_1 \times F_1(x) + N_2 \times F_2(x)}{N_1 + N_2} = F_{1 \cup 2}(x)
\end{aligned}
\tag{6.20}
$$

所以，$\boldsymbol{D}_{1\cdot} \cup \boldsymbol{D}_{2\cdot}$ 是 $\boldsymbol{D}_1 \cup \boldsymbol{D}_2$ 的SNP数据块。

由此可见，以并集的方式合并我们在6.2节~6.3节中挖掘的子图，即可找到原图较大的子图模块，并逐步完成渐近集成的目标。在此过程中，每个阶段的模块都可维持与原图近似的概率分布与统计物理特征，对原始数据观察具有极大意义。

6.6 总结

在本章中，我们对超大型的网络数据解析方法进行了探讨。一方面，这一课题隶属于大数据类的研究，既可以从现有的非网络大数据理论中获取一些研究基础，也可以进一步补充网络大数据理论在解析方法上的暂缺。大数据理论的形成，旨在观察数据整体，但整体型的观察或计算对于计算时长和计算机算力的依赖能力过高。我们考虑到当前较为实用的"分而治之"思想，将网络大数据切分成小的数据块文件，试图利用分布式计算解决大规模的数据挖掘或机器学习。但是，当前的大数据分布式数据块，即HDFS（hadoop distributed file system）数据块文件并不适合网络大数据。网络划分多以节点为研究对象，但实际上，网络的连边上承载了很多重要的信息，如网络的流通性、网络的聚集方式等。在本章中，我们试图以边为研究对象，建设了一系列的网络子图挖掘、网络统计属性预测、网络数据块集成的理论方法，并通过数据实验论证了这一方法体系的可行性、有效性和稳定性。

另外，在本章中，我们探讨了狭义的分形和广义的自相似结构在网络增长中的作用，利用该类属性对网络中的局部结构进行了挖掘，并推导了一系列的基于自相似的大型网络统计参数预测方法。这些研究已经在各类分形数据集上获得了良好的数值论证，但我们并不能保证自然与社会中所有的网络都是以自复制的机制增长。所以，本章中的方法如何泛化到一般网络上，将成为一个值得进一步研究的课题。我们在对超大网络数据展开研究的时候，总是假设我们不具备计算网络整体的硬件条件，需要数学理论来解析网络中的局部特征，从而得知网络整体的各项统计参数或其他指标。这一类的理论研究，作为算力充足情况下的方法论补充，完善了我们探究大数据的方法体系。

参考文献

［1］何大韧，刘宗华，汪秉宏. 复杂系统与复杂网络：Complex systems and complex networks［M］. 北京：高等教育出版社，2009.

［2］方锦清. "网络科学专刊"总序 共话中国网络科学——十年回眸与展望［J］. 复杂系统与复杂性科学，2010，Z1：5-8.

［3］徐俊明. 图论及其应用：2版［M］. 合肥：中国科学技术大学出版社，2004.

［4］卜湛，曹杰. 复杂网络与大数据分析［M］. 北京：清华大学出版社，2019.

［5］郑志刚. 复杂系统的涌现动力学：从同步到集体输运［M］. 北京：科学出版社，2019.

［6］Albert R，Barabasi A L. Statistical mechanics of complex networks ［J］. Reviews of modern physics，2001，74（1）：47.

［7］Anderson W N，Morley T D. Eigenvalues of the laplacian of a graph ［J］. Linear and multilinear algebra，1985，18：141-145.

［8］Arenas A，Diaz-Guilerab A，Prez-Vicente C J. Synchronization processes in complex networks［J］. Physical review D，2006，224（1）：27-34.

［9］Arenas A，Diaz-Guilera A，Kurths J，et al. Synchronization in complex networks [J]. Physics reports, 2008, 469（3）: 93-153.

[10] Arruda G F, Dalmaso T K, Peron, et al. The influence of network properties on the synchronization of kuramoto oscillators quantified by a Bayesian regression analysis [J]. Journal of statistical physics, 2013, 152: 519-533.

[11] Barabasi A L, Albert R, Jeong H. Mean-field theory for scale-free random networks [J]. Physical review A, 1999, 272（1）: 173-187.

[12] Barahona M, Pecora L M. Synchronization in small-world systems [J]. Physical review letters, 2002, 89（5）: 054101.

[13] Barnes E R. An algorithm for partitioning the nodes of a graph [J]. SIAM journal on algebraic discrete methods, 2006, 3（4）: 541-550.

[14] Bernardes A T, Stauffer D, Kertesz J. Election results and the sznajd model on Barabasi network [J]. European physical journal B, 2002, 25: 123-127.

[15] Biswas S, Sen P. Model of binary opinion dynamics: Coarsening and effect of disorder [J]. Physical review E, 2009, 80（2）: 027101.

[16] Blasius B, Huppert A, Stone L. Complex dynamics and phase synchronization in spatially extended ecological systems [J]. Nature, 1999, 399（6734）: 354-359.

[17] Boccaletti S. The synchronized dynamics of complex systems [J]. Monograph series on nonlinear science and complexity, 2008, 6.

[18] Boccaletti S, Latora V, Moreno Y, et al. Complex networks: Structure and dynamics [J]. Physics reports, 2006, 424（4）: 175-308.

[19] Boyce W E. Probabilistic methods in applied mathematics [M]. New York: Academic Press, 1968: 0173.

[20] Stephen B, Lieven V. Convex optimization [M]. Cambridge: Cambridge University Press, 2004.

[21] Carroll T L, Pecora L M. Synchronizing chaotic circuits [J]. IEEE Transactions on circuits and systems, 1991, 38 (4): 453–456.

[22] Castellano C, Fortunato S, Loreto V. Statistical physics of social dynamics [J]. Reviews of modern physics, 2009, 81 (2): 591–646.

[23] Chandrashekar G, Sahin F. A survey on feature selection methods [J]. Computers and electrical engineering, 2014, 40 (1): 16–28.

[24] Chang Y W, Lin C J, NTU EDU. Feature ranking using linear svm [J]. Causation and prediction challenge challenges in machine learning, 2008 (2): 47.

[25] Chavez M, Hwang D U, Amann A, et al. Synchronization is enhanced in weighted complex networks [J]. Physical review letters, 2005, 94 (21): 218701.

[26] Chen Y, Rangarajan G, Ding M. Stability of synchronized dynamics and pattern formation in coupled systems: Review of some recent results [J]. Communications in nonlinear science and numerical simulation, 2006, 11 (8): 934–960.

[27] Clifford P, Sudbury A. A sample path proof of the duality for stochastically monotone Markov processes [J]. Annals of probability, 1985: 558–565.

[28] Cohen R, Havlin S. Scale–free networks are ultrasmall [J]. Physical review letters, 2003, 90 (5): 058701.

[29] Coughlin P J. Probabilistic voting theory [M]. Cambridge: Cambridge University Press, 1992.

［30］Cumin D, Unsworth C P. Generalising the kuramoto model for the study of neuronal synchronisation in the brain ［J］. Physica D, 2007, 226 （2）: 181–196.

［31］Curtis J P, Smith F T. The dynamics of persuasion ［J］. Mathematical models and methods in applied sciences, 2008, 2: 115–122.

［32］Dijkstra E W. A note on two problems in connexion with graphs ［J］. Numerische mathematik, 1959, 1: 269–271.

［33］Ding, Liu Y. Modeling opinion interactions in a BBS community ［J］. European physical journal B, 2010, 78: 245–252.

［34］Erdos P, Ranyi A. On random graphs ［J］. Publicationes mathematicae debrecen, 1959.

［35］Euler. The solution of a problem relating to the geometry of position ［J］. Commentarii academiae scientiarum imperialis petropolitanae, 1736, 8: 128–140.

［36］Farkas I J, Derenyi I, Barabasi A, et al. Spectra of "real-world" graphs: Beyond the semicircle law ［J］. Physical review E, 2001, 64: 026704.

［37］Fiedler. Algebraic connectivity of graphs ［J］. Czechoslovak mathematical journal, 1973, 23: 298–305.

［38］Flake G W, Lawrence S, Giles C L, et al. Self-organization and identification of web communities ［J］. IEEE Computer, 2002, 35: 66–71.

［39］Fortunato S. Community detection in graphs ［J］. Physics reports, 2010, 486（3）: 75–174.

［40］Girvan M, Newman M E. Community structure in social and biological networks ［J］. Proceedings of the national academy of sciences, 2002, 99（12）: 7821–7826.

［41］Gomez-Gardenes J, Moreno Y. Synchronization in networks with variable local properties ［J］. International journal of bifurcation and chaos, 2007, 17: 2501-2507.

［42］Grabow C, Grosskinsky S, Timme M. Do small worlds synchronize fastest? ［J］. European physical journal B, 2012, 90: 48002.

［43］Guimera R, Amaral L A N. Functional cartography of complex metabolic networks ［J］. Nature, 2005, 433 (7028) : 895-900.

［44］Gulyás L, Horváth G, Cséri T, et al. An estimation of the shortest and largest average path length in graphs of given density ［J］. ECCS, 2011: 37-43.

［45］Halu A, Zhao K, Baronchelli A, et al. Connect and win: The role of social networks in political elections ［J］. European physical letters, 2013, 102: 16002.

［46］Harary F. Graph Theory ［M］. Boston: Addison-Wesley, 1969.

［47］Hayashi C. Nonlinear oscillations in physical systems ［J］. New York: McGraw-Hill, 1964.

［48］Hegselmann R, Krause U. Opinion dynamics and bounded confidence: Models, analysis, and simulation ［J］. Journal of artificial societies and social simulation, 2000, 5.

［49］Holland P W, Leinhardt S. Transitivity in structural models of small groups ［J］. Social networks, 1977, 2 (2) : 49-66.

［50］Hong H, Kim B, Choi M, et al. Factors that predict better synchronizability on complex networks ［J］. Physical review E, 2004, 69 (6) : 067105.

［51］Huang S H. Supervised feature selection: A tutorial ［J］. Artificial intelligence research, 2015, 4 (2) : p22.

［52］Huygens C. Horologium oscillatorium ［M］. Paris: Apud F.

Muguet, 1673.

[53] Inza I, Larrañaga P, Etxeberria R, et al. Feature subset selection by Bayesian network–based optimization [J] . Artificial intelligence, 2000, 123 (1): 157–184.

[54] Isella L, Stehl é J, Barrat A, et al. What is in a crowd? Analysis of face–to–face behavioral networks [J] . Journal of theoretical biology, 2011, 271: 266–280.

[55] Jackson E A. Controls of dynamic flows with attractors [J] . Physical review A, 1991, 44 (8): 4839.

[56] Jost J, Joy M P. Spectral properties and synchronization in coupled map lattices [J] . Physical review E, 2001, 65 (1): 016201.

[57] Junker B H, Schreiber F. Analysis of biological networks [M] . New York: Wiley–Interscience, 2008.

[58] Kapitaniak T, Chua L O, Zhong G. Experimental synchronization of chaos using continuous control [J] . International journal of bifurcation and chaos, 1994, 4 (02): 483–488.

[59] Lambiotte R, Saramäki J, Blondel V D. Dynamics of latent voters [J] . Physical review E, 2009, 79: 046107.

[60] Lancichinetti A, Fortunato S. Consensus clustering in complex networks [J] . Scientific reports, 2012, 2: 101038.

[61] Lancichinetti A, Fortunato S, Radicchi F. Benchmark graphs for testing community detection algorithms [J] . Physical review E, 2008, 78 (4): 046110.

[62] Li J, Chen D, Ma X, et al. Unfold synchronization community structure using markov and special signature [J] . International journal of modern physics B, 2012, 26 (30): 1250171.

[63] Pothen A. Graph partitioning algorithms with applications to scientific

computing〔M〕. Dordrecht：Kluwer Academic Press，1997.

〔64〕Pyragas K. Continuous control of chaos by self-controlling feedback 〔J〕. Physics letters A，1992，170（6）：421-428.

〔65〕Quinlan J R. Induction of decision trees〔J〕. Machine learning，1986，1（1）：81-106.

〔66〕Rosenblum M G，Pikovsky A S，Kurths J. Phase synchronization of chaotic oscillators〔J〕. Physical review letters，1996，76（11）：1804.

〔67〕Saber R，Fax J，Murray R M. Consensus and cooperation in networked multi-agent systems〔J〕. Proceedings of the IEEE，2007，95（1）：215-233.

〔68〕Saeys Yvan，Inza Iñaki，Larrañaga Pedro. A review of feature selection techniques in bioinformatics〔J〕. Bioinformatics，2007，23（19）：2507-2517.

〔69〕Sen T Z，Kloczkowski A，Jernigan R L. Functional clustering of yeast proteins from the protein-protein interaction network〔J〕. BMC bioinformatics，2006，7：355.

〔70〕Shao J，Havlin S，Stanley H E. Dynamic opinion model and invasion percolation〔J〕. Physical review letters，2009，103（1）：018701.

〔71〕Stauffer D. Monte carlo simulations of sznajd models〔J〕. Journal of artificial societies and social simulation，2001，5.

〔72〕Stocker J. Nonlinear vibrations〔M〕. New York：Interscience Publishers，1950.

〔73〕Sznajd-Weron. Sznajd model and its applications〔J〕. Acta physica polonica B，2005，5：03239.

〔74〕Sznajd-Weron K and Sznajd J. Opinion evolution in closed community

[J]. International journal of modern physics C, 2000, 11（6）: 1157–1165.

[75] Torok J, Iniguez T, Yasseri G, et al. Opinions, conflicts, and consensus: Modeling social dynamics in a collaborative environment [J]. Physical review letters, 2013, 110: 088701.

[76] Van P B. Forced oscillations in a circuit with resistance [J]. Philosophical magazine, 1927, 3: 64–80.

[77] Luxburg U. A tutorial on spectral clustering [J]. Statistical computing, 2007, 17（4）: 395–416.

[78] Wu C W. Synchronization in complex networks of nonlinear dynamical systems [M]. Singapore: World Scientific, 2007.

[79] Xiao L, Boyd S. Fast linear iterations for distributed averaging [J]. Systems control letters, 2004, 53（1）: 65–78.

[80] Yamapi R, Kakmeni F M M, Orou J B C. Nonlinear dynamics and synchronization of coupled electromechanical systems with multiple functions [J]. Communications in nonlinear science and numerical simulation, 2007, 12（4）: 543–567.

[81] Yang B, Liu D, Liu J, et al. Complex network clustering algorithms [J]. Journal of software, 2009, 20: 54–66.

[82] Yang T, Chua L O. Generalized synchronization of chaos via linear transformations [J]. International journal of bifurcation and chaos, 1999, 9（01）: 215–219.

[83] Yildiz E, Acemoglu D, Ozdaglar A E, et al. Discrete opinion dynamics with stubborn agents [M]. SSRN eLibrary, 2011.

[84] Yu D, Righero M, Kocarev L. Estimating topology of networks [J]. Physical review letters, 2006, 97（18）: 188701.

[85] Zhao T, Zhou M, Wang B, et al. Relations between average distance,

heterogeneity, and network synchronizability [J] . Physica A: Statistical mechanics and its applications, 2006, 371: 773-780.

[86] Li X, Chen G. Synchronization and desynchronization of complex dynamical networks: An engineering viewpoint [J] . IEEE transactions on circuits and systems, 2003, 50: 10577122.

[87] Liggett T M. Interacting particle systems-an introduction [J] . ICTP lecture notes, 2004, 4: 17001.

[88] Lim S L. Social networks and collaborative filtering for large-scale requirements elicitation [D] . Sydney: University of New South Wales, 2010.

[89] Lim S L, Bentley P J. How to be a successful app developer: Lessons from the simulation of an app ecosystem [J] . In ACM genetic and evolutionary computation conference, 2012.

[90] Lim S L, Finkelstein A. Stakerare: Using social networks and collaborative filtering for large-scale requirements elicitation [J] . In IEEE transactions on software engineering, 2012.

[91] Lim S L, Quercia D, Finkelstein A. Stakenet: Using social networks to analyze the stakeholders of large-scale software projects [J] . In proceedings of the 32nd IEEE international conference on software engineering, 2010.

[92] Lim S L, Damian D, Finkelstein A. Stakesource2. 0: Using social networks of stakeholders to identify and prioritise requirements [J] . In proceedings of the 33rd IEEE international conference on software engineering, 2011.

[93] Liu H, Yu L. Toward integrating feature selection algorithms for classification and clustering [J] . Knowledge and data engineering, 2005, 17 (4) : 491-502.

［94］Lorenz J. A stabilization theorem for dynamics of continuous opinions ［J］. Physica A: statistical mechanics and its applications, 2005, 355（1）: 217-223.

［95］Lu W, Liu B, Chen T. Cluster synchronization in networks of distinct groups of map ［J］. European physical journal B, 2010, 77（2）: 257-264.

［96］MacQueen J. Some methods for classification and analysis of multivariate observations ［J］. Proc fifth berkeley symp on math statist and prob, 1967, 1: 281-297.

［97］Mao G Y, Zhang N. Analysis of average shortest-path length of scale-free network ［J］. Journal of applied mathematics, 2013: 865643.

［98］McGraw P N, Menzinger M. Clustering and the synchronization of oscillator networks ［J］. Physical review E, 2005, 72: 015101.

［99］Merris R. Laplacian matrices of graphs: A survey ［J］. Linear algebra and its applications, 1994, 197: 143-176.

［100］Mohring H, Schilling H, Schutz B, et al. Partitioning graphs to speed up dijkstra's algorithm ［J］. Journal of experimental algorithmics, 2007, 11: 2-8.

［101］Ichigaku T, Hiroshi M, Motoki. A spectral clustering approach to optimally combining numerical vectors with a modular network ［M］. New York: ACM Press, 2007.

［102］Newman M E. Assortative mixing in networks ［J］. Physical review letters, 2002, 89: 208701.

［103］Newman M E. The structure and function of complex networks ［J］. SIAM review, 2003, 45（2）: 167-256.

［104］Newman M E. Fast algorithm for detecting community structure in networks ［J］. Physical review E, 2004, 69（6）: 066133.

［105］Newman M E. Modularity and community structure in networks［J］. Proceedings of the national academy of sciences of the united states of america, 2006, 103（23）: 8577-8582.

［106］Newman M E. Finding community structure in networks using the eigenvectors of matrices［J］. Physical review E, 2006, 74: 036104.

［107］Newman M E, Girvan M. Finding and evaluating community structure in networks［J］. Physical review E, 2004, 69（2）: 026133.

［108］Newman M W. The laplacian spectrum of graphs［D］. Winnipeg: University of Manitoba, 2000.

［109］Nie F, Wang X, Huang H. Clustering and projected clustering with adaptive neighbors［J］. In proceedings of the 20th ACM SIGKDD international conference on knowledge discovery and data mining, 2014: 977-986.

［110］Olfati-Saber R. Ultrafast consensus in small-world networks［J］. IEEE Proceedings, 2005: 2371-2378.

［111］Parhami B. Voting algorithms［J］. IEEE Transactions on Reliability, 1994, 43: 617-629.

［112］Pecora L M, Carroll T L. Synchronization in chaotic systems［J］. Physical review letters, 1990, 64（8）: 821.

［113］Pecora L M, Carroll T L, Johnson G A, et al. Fundamentals of synchronization in chaotic systems, concepts, and applications［J］. Chaos, 1997, 7（4）: 520-543.

［114］Pikovsky A, Rosenblum M, Kurths J. Synchronization: a universal concept in nonlinear science［M］. Cambridge: Cambridge University Press, 2001.

［115］Pluchino A, Latora V, Rapisarda A. Changing opinions in a changing world: A new perspective in sociophysics [J] . International journal of modern physics C, 2005, 16（04）: 515.

[116] Porter M A, Mucha P J, Newman M E, et al. A network analysis of committees in the US house of representatives [J] . Proceedings of the national academy of sciences of the united states of america, 2005, 102: 7057–7062.

[117] Lynch C. Big data: How do your data grow? [J] Nature, 2008, 455（7209）: 28–29.

[118] Wu X, Zhu X, Wu G, et al. Data mining with big data [J] . IEEE transactions on knowledge and data engineering, 2014, 26（1）: 97–107.

[119] Manyika J, et al. Big data: The next frontier for innovation, competition, and productivity [J] . The mckinsey global institute（MGI）technical report, 2011.

[120] Malik P. Governing big data: Principles and practices [J] . IBM journal of research and development, 2013, 57（3/4）: 1–1.

[121] Zareie A, Sheikhahmadi A. A hierarchical approach for influential node ranking in complex social networks [J] . Expert systems with applications, 2017, 93（mar）: 200–211.

[122] Newman M E. The structure and function of complex networks [J] . SIAM reviewiew, 2003, 45（2）: 167–256.

[123] Strogatz S H. Exploring complex networks [J] . Nature, 2001, 410: 268–276.

[124] Song C, Havlin S, Makse H. Self–similarity of complex networks [J] . Nature, 2005, 433: 392–395.

[125] Song C M, Havlin S, Makse H. Origins of fractality in the growth of complex networks [J] . Nature physics, 2006, 2: 275–281.

［126］Lin M, Lucas H C, Shmueli G. Research commentary–too big to fail: Large samples and the p-value problem［J］. Information systems research, 2013, 24（4）: 906–917.

［127］Lu J, Li D. Bias correction in a small sample from big data［J］. IEEE transactions on data engineering, 2013, 25（11）: 2658–2663.

［128］Newman M E J. Detecting community structure in networks［J］. European Physical Journal B, 2004, 38（2）: 321–330.

［129］Kleiner A, Talwalkar A, Agarwal S, et al. A general bootstrap performance diagnostic［J］. In proceedings of the 19th ACM SIGKDD international conference on knowledge discovery and data mining, 2013, 419–427.

［130］Jordan M I. On statistics, computation and scalability［J］. Bernoulli, 2013, 19（4）: 1378–1390.

［131］舍恩伯格, 库克耶. 大数据时代: 生活, 工作与思维的大变革［M］. 盛杨燕, 周涛, 译. 杭州: 浙江人民出版社, 2012.

［132］Fan W, Bifet A. Mining big data: Current status, and forecast to the future［J］. ACM sigkdd explorations newsletter, 2013, 14（2）: 1–5.

［133］Vojnovic M, Xu F, Zhou J, Sampling Based Range Partition Methods for Big Data Analytics［J］.Technical Report, 2012.

［134］Bifet A. Mining big data in real time［J］. Informatica, 2013, 37（1）: 15–20.

［135］米子川, 聂瑞华. 大数据下非概率抽样方法的应用思考［J］. 统计与管理, 2016, 04: 11–12.

［136］金勇进, 刘展. 大数据背景下非概率抽样的统计推断问题［J］. 统计研究, 2016, 03: 11–17.

［137］丁悦，张阳，李战怀，等．图数据挖掘技术的研究与进展［J］．计算机应用研究，2012，32（1）：182-190.

［138］Cordella L P，Foggia P，Sansone C，et al. A（Sub）graph isomorphism algorithm for matching large graphs［J］．IEEE transactions on pattern analysis and machine intelligence，2004，26（10）：1367-1372.

［139］Bunke H，Jiang X，Kandel A. On the minimum common supergraph of two graphs［J］．Computing，2000，65（1）：13-25.

［140］Kashima H，Inokuchi A. Kernels for graph classification［J］．Proceedings of the international workshop on active mining，2002.

［141］Dixit C P，Khare N. A Survey of frequent subgraph mining algorithms［J］．International journal of engineering and technology，2018，7：58-62.

［142］Yan X，Han J. gSpan：Graph-based substructure pattern mining［J］．Proceedings of the IEEE international conference on data mining，2002，721-724.

［143］Barab á si A L. The new science of networks［M］．Massachusetts：Persus Publishing，2000，1-60.

［144］Watts D J，Strogatz S H. Collective dynamics of "Small-world" networks［J］．Nature，1998，393：440-442.

［145］Barabasi A L，Albert R. Emergence of scaling in random networks［J］．Science，1999，286：509-512.

［146］Bramwell S T，Holdsworth P C W，Pinton J F，et al. Universal fluctuations in correlated systems［J］．Physical review letters，2000，84（17）：3744-3747.

［147］Federrath C，Roman-Duval J，Klessen R S，et al. Comparing the statistics of interstellar turbulence in simulations and observations：

Solenoidal versus compressive turbulence forcing〔J〕. Astronomy and astrophysics, 2010, 51（A81）: 1–28.

〔148〕 Guimer à R, Danon L, D í az–Guilera A, et al. Self–similar community structure in a network of human interactions〔J〕. Physical review E, 2003, 68.

〔149〕 Doye J P K, Massen C P. Self–similar disk packing as model spatial scale–free networks〔J〕. Physical review E, 2005, 71: 43–50.

〔150〕 Song C M, Havlin S, Makse H A. Self–similarity of complex network〔J〕. Nature, 2005, 433: 392–395.

〔151〕 Hernán D R, Shlomo H, Daniel B. Fractal and transfractal recursive scale–free nets〔J〕. New journal of physics, 2007, 9（175）: 1–16.

〔152〕 Jeong, et al. The large–scale organization of metabolic networks〔J〕. Nature, 2000.

〔153〕 Song C M, Gallos L K, Havlin S, et al. How to calculate the fractal dimension of a complex network: The box covering algorithm〔J〕. Journal of statistical mechanics: Theory and experiment, 2007, P03006: 1–16.

〔154〕 Kim J S, Kahng B, Kim D. A box–covering algorithm for fractal scaling in scale–free networks〔J〕. Chaos: An interdisciplinary journal of nonlinear science, 2007, 026116（17）: 1–6.

〔155〕 Hern á n D R, Song C M, Makse H A. Small–world to fractal transition in complex networks: A renormalization group approach〔J〕. Physical review letters, 2010, 025701（104）: 1–4.

〔156〕 Christian M S, Tobias A, Kesselring. Box–covering algorithm for fractal dimension of complex networks〔J〕. Physical review E, 2012, 016707（86）: 1–5.

后 记

网络数据的过去。网络数据来源于对自然和生活的观察。大自然中的生态圈、生物之间的互动、人类社会中的群落等，都是以网络结构存在的动态体系。网络数据的出现远早于网络科学的兴起。即使是现在，网络科学也未必能详尽准确地描述真实世界中网络系统的发生、演化、互动、消亡。如同所有数理科学一样，科研人员尽其所能发现自然规律，引导人类社会与之和谐相处、对其合理利用。关于物理世界（尤其是自然界）的真相，或许应高于人类智慧的上限。而我们与"自然规律"的相处，应始终保有敬畏心，而非征服欲。基于这样朴素而平静的态度，我们对于发生在自然与社会中的网络有了一些观察性的认识，例如当网络增长到一定尺度时涌现出来的统计物理属性，以及不同网络拓扑结构在面对破坏的时候展现出来的差异巨大的对抗能力等。

网络数据的现在。当科研界认识到经典的数据科学对于网络数据缺乏适用性后，就开始了一场长达百年并将延续下去的创新：建立一套适用于网络数据的理论方法，将节点和连边同时作为研究对象纳入研究框架。当前主流的网络科学方法来源于多个学科领域，包括但不局限于图论、系统动力学、凝聚态物理、社会学、心理学等。一些关于网络（尤其是复杂网络）的结论从不同的知识领域被挖掘，但往往并没有谨慎的证明来确定这些发现的适用范围和泛化程度。而这些知识如果缺乏合理的逻辑关联，也难以合并为一个完整的解析体系。这也是本书，以及很多同类型作品的创作动机：以网络的邻接矩阵和拉普拉斯矩阵这样最基本的描述作为桥梁，将网络数据拓扑结构、统计物理属性、动力学行为等纳入一套完整的解析方法中，使其适用于几乎所有网络数据的观察、理解、预测。

网络数据的未来。10年前，我们在文献库中搜索"网络"这一关键词的时候，常见到复杂网络的研究；而最近数年，"网络"这个词可能更多地会出现在"神经网络"的论文中。随着大数据时代的到来，人工智能技术的日益进步，网络，既可以成为研究对象，也可以成为研究工具。尽管复杂网络中的复杂性，需要一定规模的网络尺度才得以涌现，但经典统计网络学中谈论的规模和当前TB、PB级的海量/高维数据规模，已经存在着巨大差异。当前已有的关于网络数据的研究体系，将面临再一次的挑战。首先，由于网络由连边将节点对象关联到一起，无法按照非网络数据的"分而治之"简单切割，从而直接使用并行计算的技术来研究；其次，我们再次凝视"复杂性"，它与网络的尺度密切相关，而海量网络数据中，又会涌现出什么样新的现象或统计属性，来改变我们已有的网络科学研究体系呢？

所有未知都是一次新生的机会，这种新生并非因为我们即将创造新的技术去解决更难的数学/物理/社会学问题，而在于我们再次认识到我们对世界、对自然、对宇宙的认知仍然是肤浅的。当我们拥有了巨大的算力和相当程度上的科技武器之后，我们是否应该毫无节制地去穷举可能、探索未知？愿人类可以平衡对科学的好奇和对未知的尊重。

感谢各位读者的耐心和包容。